太湖南岸桑基鱼塘

全球重要农业文化遗产浙江湖州桑基鱼塘系统研究丛书

顾兴国　王　莉　等　著

中国农业出版社

北京

前　言 FOREWORD

　　桑基鱼塘是太湖流域和珠江三角洲地区劳动人民在历史长河中创造的一种循环农业模式，堪称我国早期生态农业的典范。改革开放以来，随着市场化、工业化、城镇化的不断推进，以桑基鱼塘为代表的一大批传统生态农业逐渐被现代农业所取代，它们所蕴含的农耕智慧与传统文化也随之日渐消逝。为了应对当代农业发展所面临的类似挑战，2002年联合国粮食及农业组织（FAO）在全球环境基金（GEF）的支持下，联合相关国际组织和国家，发起了"全球重要农业文化遗产"项目。我国作为最早响应并积极参与这一项目的国家之一，于2012年正式启动了中国重要农业文化遗产的发掘与保护工作。在此背景下，传统的桑基鱼塘再次进入人们的视野，诸如太湖流域的"浙江湖州桑基鱼塘系统""江苏吴江基塘农业系统"，以及珠江三角洲的"广东佛山基塘农业系统"，均被列入中国重要农业文化遗产乃至全球重要农业文化遗产的保护名录之中。

　　2016年11月，全国首个专注于农业文化遗产保护与发展的院士

专家工作站在浙江省湖州市南浔区和孚镇荻港村正式揭牌成立，李文华院士专家团队受邀入驻，旨在为推动"浙江湖州桑基鱼塘系统"申报全球重要农业文化遗产及其动态保护与适应性发展提供科技支撑。也正是在此时，我有幸在导师李文华院士的悉心指导下，依托院士专家工作站，围绕"桑基鱼塘系统可持续发展"主题开展深入调查研究工作，同时开启了我与太湖南岸桑基鱼塘结缘的探索之旅。

2017年初，带着提前准备好的调查计划与农户问卷，我先后走访了湖州市经济作物技术推广站（蚕业技术推广站）、湖州市水产技术推广站、湖州市畜牧兽医局等部门，获得了全市蚕桑、水产、湖羊等相关统计数据；还在李家芳、楼黎静等领导的帮助下，赴荻港村、射中村、新庙里村、竹墩村、新狄村、朱家兜村、泉心村、星敏村等传统桑基鱼塘保留较为集中的乡村开展问卷调查，调查对象为既从事种桑养蚕又进行池塘养鱼的农户，获取了农民在种桑养蚕、池塘养鱼等方面的投入产出数据。其中有1户（位于射中村的云豪家庭农场）已经开展了现代规模化的种桑、养蚕、养鱼，形成了有别于传统模式的新型桑基鱼塘。此次调查工作历时两个多月，使我对湖州桑基鱼塘系统有了较为全面的认识，并在此基础上顺利完成了博士学位论文《太湖流域桑基鱼塘可持续发展分析与评价——以湖州为例》。

2018年7月，我从中国人民大学毕业后，入职浙江省农业科学院，继续从事农业文化遗产研究及相关技术服务工作，这让我有更多机会去深入了解太湖南岸桑基鱼塘。一方面，得益于前期的工作基础，我与湖州持续保持着联系，几乎每隔1～2个月都会到湖州桑基鱼塘系统进行跟踪调查；另一方面，我逐步参与到嘉兴、杭州等地的重要农业文化遗产发掘保护工作中，了解到了湖州以外地区的传统桑基鱼塘保护情况。特别是在2021年初，我跟随浙江省农业科学院蚕桑专家王永强研究员一同前往桐乡市河山镇进行蚕桑文化调研，其间发现了省级文物保护单位"俞家湾桑基鱼塘"；随后我们接到"浙江桐乡蚕桑文化系统"保护与发展专项规划的编制任务，对其中的桑基鱼塘及蚕桑文化又做了进一步调查。

经过数年的调查研究发现，太湖南岸遗存的传统桑基鱼塘已经不多了，仅在湖州市南浔区、吴兴区、德清县、安吉县、桐乡市等地的部分村落还保留了一些，而且这些桑基鱼塘具有同宗同源的特点。它们都是先民在适应太湖周边低洼湿地环境的过程中形成的，以太湖溇港水利工程为先决条件，历经人口的迁徙、集聚、交流与融合，最终衍生出了包括溇港文化、鱼文化、蚕桑文化、湖羊文化等在内的丰富而优秀的农耕文化遗产。

鉴于此，本书虽为"全球重要农业文化遗产浙江湖州桑基鱼塘系统研究丛书"之一，但为了让读者能更系统、更全面地认识桑基鱼塘的过去、现在和未来，我们从更大的区域范围、更广的遗产范畴出发，对太湖南岸桑基鱼塘及相关文化遗产进行了梳理和分析。全书内容主要可以分为四部分：第一部分包括第一章和第二章，对太湖南岸桑基鱼塘的起源、兴起、成熟、萎缩等发展历史进行了整理与剖析，尤其是从产业发展视角阐述了改革开放以来传统桑基鱼塘结构变化与规模萎缩的主要原因；第二部分主要对应第三章，基于农户问卷调查情况，采用成本效益分析、能值分析、综合评价等方法，对代表桑基鱼塘过去、现在和未来的三种模式进行对比分析，以揭示传统桑基鱼塘的保护价值以及新型桑基鱼塘的发展前景；第三部分包括第四章和第五章，对桑基鱼塘代表性遗产"浙江湖州桑基鱼塘系统"和关联性遗产"浙江湖州太湖溇港""中国蚕桑丝织技艺（部分）""浙江桐乡蚕桑文化系统""浙江吴兴溇港圩田农业系统"进行了总结与介绍；第四部分包括第六章和第七章，阐述了桑基鱼塘相关文化遗产之间的内部关联及保护利用进展，提出了关于统筹推进太湖南岸桑基鱼塘多元文化遗产保护利用的有关建议和想法。

在本书的撰写过程中，有幸得到了湖州市农业农村局、湖州市农业科学研究院、湖州南太湖农业文化遗产保护与发展研究中心、桐乡市河山镇等多家单位的大力支持与帮助，并被允许汲取了全球重要农业文化遗产"浙江湖州桑基鱼塘系统"以及中国重要农业文化遗产"浙江桐乡蚕桑文化系统""浙江吴兴溇港圩田农业系统"申报书与规划中的部分内容，对此我们深表感激！

然而，由于水平有限，书中难免存在不当之处，敬请读者批评指正。

2024年7月

CONTENTS 目 录

第一章
太湖南岸桑基鱼塘的起源与演变

第一节 | 蚕、渔业在太湖南岸的形成

目前，学术界对于太湖的成因仍存在较大争议，尚未达成共识。有关太湖地质构造和沉积作用的研究表明，古太湖流域地势相对低洼，曾经水面广袤，与周边的山脉、河流、大江乃至海洋的相互作用，导致了其内部水陆环境的频繁交替以及堤岸线的不断变化。据考古发现，大约7000年前，太湖流域的先民就已开始在这片土地上辛勤耕耘，从事生产活动。然而，受到强大的自然力量影响，这些早期的居民只能被动地适应自然环境，他们的生产生活紧密地依附于水陆环境的变化。古文化遗址的深入发掘能够为揭示早期农业内容提供可靠依据，环太湖地区广泛分布着代表不同史前时代的文化遗址，如马家浜文化（大约距今6000～7000年）、崧泽文化（距今约5300～6000年）以及良渚文化（距今约4000～5300年）。通过对这些遗址中遗存的仔细研究发现，太湖流域是我国最早的农耕地区之一，早期的农业形式主要包括采集、渔猎、水稻种植及养蚕种桑等。

在早期农业发育中，与桑基鱼塘有关的渔业和蚕业是其中较为典型的生产形式。由于水面多，对水生生物的捕猎是太湖流域早期人类生存的重要手段，在马家浜文化遗址中常发现骨镞、石镞、骨鱼镖、陶网坠等捕鱼工具；到了崧泽文化阶段，稻作和畜牧开始占农业主导地位，渔具的比例减少；而在良渚文化遗址中，除一般工具外还出土了与捕鱼有关的丝麻线、木桨、竹器、千篰等，显示出渔业的进一步发展。捕鱼工具的出现并不能为桑基鱼塘的形成提供直接的条件，因为其中的"鱼塘"代表对鱼的驯化。北魏贾思勰《齐民要术》收录的《陶朱公养鱼经》被很多学者认为是世界上最早专门论述养鱼的著作，但"陶朱公"范蠡养鱼在多处均有记载，例如东汉赵晔所撰《吴越春秋》载，越国大臣范蠡在山阴、会稽推行养（鲤）鱼的富国政策，其中山阴、会稽均在太湖以南。据此可以推断，池塘养鱼在距今2500年左右已经在太湖南岸出现。

根据古籍记载、出土文物等可知，蚕业起源于多个中心。1958年，浙江省文物管理委员会①协同浙江省博物馆，在湖州城南七千米处的钱山漾遗址发掘出不少丝织物，如绢片、丝带和丝线等（图1-1、图1-2）。之后，浙江省、湖州市、吴兴区等的文物部门对钱山

图1-1　钱山漾遗址（湖州市农业农村局／提供）

①浙江省文物管理委员会于1983年撤销，改为浙江省文物局。

漾遗址做过多次考古发掘，经C-14检测确定，这批丝织物距今已有4200～4400年，是全国乃至全世界发现年代最早的家蚕纺织品实物之一，为太湖南岸先民利用茧丝资源和驯化桑蚕为家蚕有悠久的历史取得了物证，使该地区成为我国人工养蚕起源地之一。

图1-2　钱山漾遗址出土的绢片（湖州市农业农村局／提供）

以上表明，人们在适应自然、发展生产的过程中完成了对蚕、鱼的人工驯化，太湖南岸地区成为人工养蚕和池塘养鱼共同的发源地。蚕业、渔业的形成也证明该地区自然条件适宜，但若要实现蚕桑与养鱼结合为一体——桑基鱼塘，还需要人们掌握其中水土资源合理利用的原理。

第二节 ｜ 太湖开发与"溇港"水利工程

太湖流域自古以来低洼多水，先民们早期利用高地发展农耕生产，但随着人口的增加和农业生产的扩大，排涝和灌溉成为该地区必然要解决的问题。公元前12世纪初，殷商时周族人太伯、仲雍南下至太湖地区，建立吴国，并筑城于无锡、苏州之间的梅里，《吴越春秋·吴太伯传》载有"外郭三百余里，……人民皆耕田其中"，太伯城选筑在较高地带，城外"三百余里"有夸张的成分，但大规模的耕田对排灌必然有需求。春秋末期，吴、越两国分据在太湖地区，铁质工具已被广泛使用，为增强国力、制衡对方，双方借鉴楚国的水利技术进行太湖流域开发。在此背景下，太湖流域开始兴起了一个大规模的综合性水利工程——塘浦（溇港）圩田系统，它标志着当地人民真正进入了改造太湖的历史阶段。

塘浦（溇港）圩田主要位于太湖下游"三江"地区，以浅沼洼地为改造对象，以初级形式的"圩田"为基础，在唐朝中叶将分散的圩田发展成为横塘纵浦交错包围的棋盘式圩田系统，至五代十国时期吴越进一步完善（图1-3）。"溇港圩田"衍生于"塘浦圩田"，形成于环太湖淤滩地带。为了围垦太湖周边土地，人们通过筑堤、建闸、浚河的方式，在湖滩向外延伸的方向修建了众多溇港，配合横塘纵浦，形成了比横塘纵浦更为密集的圩田系统（图1-4）。典型的溇港主要分布在太湖南岸、西岸和东岸，至今较为著名的溇港沿太湖逆时针方向依次为荆溪百渎、苕溪七十三溇、震泽七十二港和吴江十八港等。它们将太湖与周边陆地连接，不

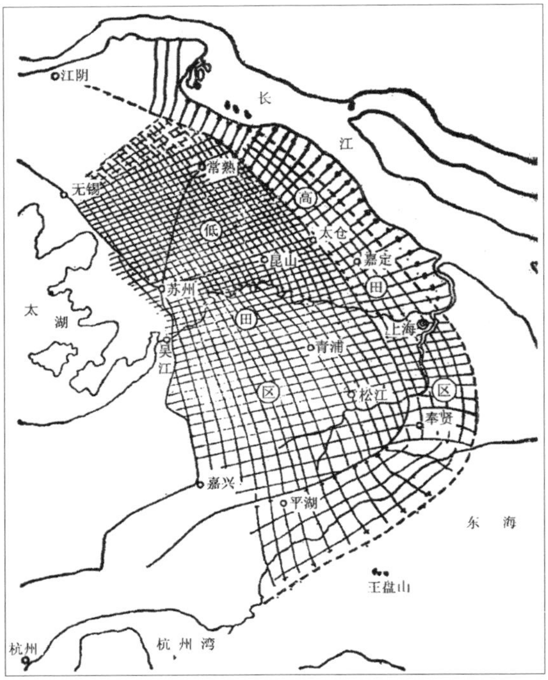

图1-3 太湖下游五代十国时期吴越"塘浦（溇港）圩田"系统

图片来源：陆鼎言、王旭强，《湖州入湖溇港和塘浦（溇港）圩田系统的研究》，见《湖州入湖溇港和塘浦（溇港）圩田系统的研究成果资料汇编》，2005年。图1-4同。

仅能在汛期泄洪排水，还具有蓄水、灌溉、航运的用途。太湖南岸的溇港水利系统形成于春秋末期至中唐时期，成为当前太湖周边保存最完好的一段。

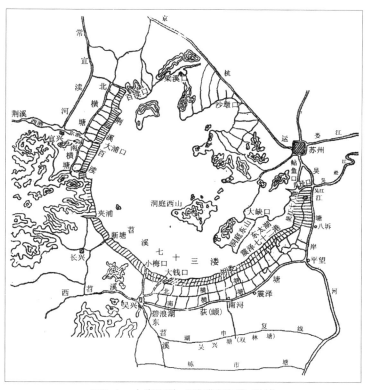

图1-4 太湖周边"溇港圩田"系统

塘浦（溇港）圩田水利系统是对太湖流域水土资源的一种独特管理和利用，同时也为稻田、桑地和鱼塘的水土连接提供了场地和启示。它利用开筑横塘纵溇和浚河取出的泥土修筑堤防种植桑树，桑树一方面可以保护河堤，另一方面可以为蚕、牲畜提供桑叶；圩区内部除种稻以外还可以掘池养鱼，以充分利用周围水源。当同一圩区内不同种生产之间产生物质联系时，人们可能就会发现既能提高产量又能保护生态环境的复合模式。

第三节 | 关于桑基鱼塘起源时间的探讨

从当前已知的桑基鱼塘运行原理可以推断其形成的必要条件，考古发掘、古籍记载等的分析表明，太湖南岸地区在春秋末期（距今约2500年）已经具备桑基鱼塘形成的必要条件。但这里有两个问题要说明：第一，是否具备必要条件只是作为太湖南岸桑基鱼塘形成的参考依据，它区别于充分条件，而且目前没有证据表明太湖南岸的桑基鱼塘形成于春秋末期；第二，必要条件的具备是建立在已有证据的基础上，证据的存在可能晚于事件发生之时，太湖南岸桑基鱼塘的形成或早于2500年前。1982年，全国第二次文物普查曾在位于湖州市的梅林遗址内发现水田、鱼荡和桑地，属于商周时期；清同治《湖州府志》载，"湖人畜鱼以池，名曰'鱼荡'"，因此桑基鱼塘可能在距今超过3000年之前就已经在太湖南岸存在。

地质、遗址、古籍、铭刻等可以为论证太湖南岸桑基鱼塘的起源与发展过程提供证据，但目前还没发现能够充分证明太湖南岸桑基鱼塘形成时期的证据。当代多数学者通过某一形成条件来推断太湖流域桑基鱼塘的形成时间，例如池塘养鱼晚于人工养蚕，所以范蠡养鱼就成为桑基鱼塘形成的标志；入湖溇港和塘浦圩田水利系统的修建，为桑基圩田和桑基鱼塘的形成提供了前提，因此有学者据此认为太湖流域桑基鱼塘起源于"横塘纵浦"水利工程的修建；也有学者结合水利管理的完善和蚕丝、鱼产品需求的增加，推断太湖流域桑基鱼塘发育于隋唐时期；在生产经验、水利条件满足的情况下，商品经济的发展能带动桑基鱼塘的形成和完善，还有研究认为太湖地区桑基鱼塘始于明代。上述关于桑基鱼塘形成的观点并不统一，而且论证不够充分。

有关太湖流域桑基鱼塘的记载直到明清时期才逐渐出现。明末清初，曾客居湖州菱湖的晚明秀才张履祥（1611—1674年）录《沈氏农书》、著《补农书》，书中有"池蓄鱼，其肥土可上竹地，余可壅桑，鱼，岁终可以易米。畜羊五六头，以为树桑之本""凿池之土，可以培基""池中淤泥每岁起之以培桑竹，则桑竹茂，而池益深矣"等记载，该书对鱼、桑、羊之间的有机结合进行了说明，生产效果显著。清末东山（今属苏州）人郑言绍（1830—1907年）编《太湖备考续编》载，"翁节妇捐鱼池五亩、后山荡田十一亩、桑地鱼池二十六亩"，这里已将"桑地鱼池"与一般鱼池进行区别。在直接相关史料较少的情况下，借助对古代桑、鱼之间关系的描述，可以窥见太湖南岸桑基鱼塘生产模式的概貌。但上述记载的时期距离本文之前论证的太湖南岸具备桑基鱼塘形成必要条件的时间晚了2000多年，在此漫长时间里人类社会发展迅速，而同在一处（圩区）的桑、蚕、鱼等之间若未发生结合则实在令人难以相信。

历史上太湖地区种植稻桑普遍，而池塘养鱼的发展与捕鱼资源的状况密切相关，若人口数量稀少、地表水源丰富，鱼类等水产品尽可以通过捕捞获得，不必发展池塘养殖。春秋至秦汉时期，太湖地区人烟稀少、生产水平相对低下，《史记·货殖列传》曾描述："楚越之地，地广人稀，饭稻羹鱼，或火耕而水耨，果隋蠃蛤，不待贾而足……"此阶段在太湖南岸若形成桑基鱼塘必属个案。人口的多少不仅影响人均捕鱼资源的情况，而且对劳动力供给、衣食需求、水利建设都会产生重要影响。因此，在桑基鱼塘形成的必要条件已经具备的前提下，人口数量是决定桑基鱼塘在太湖南岸充分形成和普遍发展的关键因素。

中国古代曾多次发生大规模由北方跨越淮河进入南方的人口大迁移，例如西晋"永嘉之乱"时期、唐"安史之乱"时期、北宋和南宋末年时期等，都曾对太湖南岸人口变化产生了重要影响。有学者曾对中国古代人口史进行专题研究，通过史料记载估算出中国27个省份从古至今的人口数据。太湖南岸位于浙江省北部，以浙江省人口数据能基本反映太湖南岸地区人口数量变化情况（图1-5），浙江省在晋隋时期的人口相对最少，而在唐朝中后期和元朝时期人口均有大幅增长。古代人口自然增长缓慢，某一时期的人口数量多受人口的迁入和迁出影响。西晋时期战乱虽然导致北方人口大规模南迁，但也有浙江人口外迁。太湖南岸溇港圩田水利工程完善于中唐时期，这与其人口数量的第一次大规模增加时间一致，据此可以推断，太湖南岸桑基鱼塘的形成或引入应不晚于唐朝中后期，并在此时期开始普遍出现。

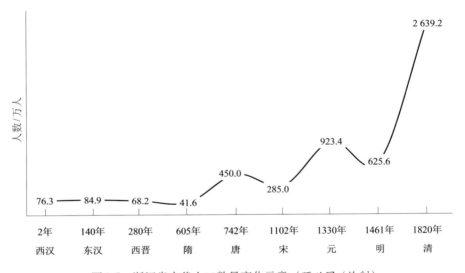

图1-5　浙江省古代人口数量变化示意（顾兴国／绘制）

说明：因各历史时期数据统计方法不同，差异较大，本图只是大致示意古代人口数量变化情况。

数据来源：袁祖亮，《中国古代人口史专题研究》，中州古籍出版社，1994年，第387页。

第四节 ｜ 太湖南岸桑基鱼塘的发展演变

由于缺少桑基鱼塘在太湖南岸地区发展的直接相关资料，本书主要通过发掘和整理该地区桑、蚕、鱼、羊等产业的发展以及相关水利、技术、制度等的情况来反映其历史演变过程。按照上文推断，本书将从中唐时期开始阐述。

唐"安史之乱"以后，北方藩镇割据，大批官民避乱南迁，为太湖流域带来大量人口和农业技术，国内经济重心开始南移，《新唐书·权德舆传》中"天下大计，仰于东南"是其真实写照。唐代中后期，为解决太湖南岸屯田围垦的洪涝问题，在原有圩田水利的基础上，继续修塘建溇、围田筑圩，并将太湖南岸和东岸的人工湖堤连接成一体，形成了纵横交错的"溇港圩田"系统；至五代十国时期的吴越，统一治水营田，通过设立"都水营田使"、创置"撩浅军"等，建立了一整套管理制度，使"溇港圩田"系统进一步得到完善。圩田水利系统的形成，一方面减少了天然捕捞水域，另一方面为发展池塘养鱼提供了条件。早期养鱼以鲤鱼为主，但《新唐书》记载，因鲤与李同音，唐朝禁采捕鲤鱼，故人们开始转向养青、草、鲢、鳙等鱼种。北方人口大规模南迁为太湖地区带来先进的丝织技术，也促进了蚕桑业的发展，唐时浙江要进贡交绫、白绫等10种丝织名品；吴越王钱镠大力发展蚕丝业，并提倡用污泥、水草作为桑园肥料，促进了蚕桑与鱼塘的联动。湖羊古称胡羊、吴羊，由北方迁入江南经农民长期培育而成，距今有1000多年历史，因此在中唐时期已经形成。《湖录》载，"吴羊毛卷，尾大，无角……草枯，则食以干桑叶，谓之桑叶羊"，湖羊冬天以桑叶为食，羊粪可以肥地肥水，逐渐成为桑基鱼塘生态系统重要组成部分。

两宋时期，汉族建立的宋朝与北方少数民族建立的辽、西夏、金等长期对峙，"靖康之变"（1126—1127年）之后，北方人口再一次大规模南下，大批农民、手工业者、商人等聚集江南，一方面促进了中国蚕业中心的南移，另一方面也推动了养鱼业的迅速发展。江南地区进贡的丝织品开始在全国占据很大比重，并开辟了杭州和宁波两个港口，国内外丝绸贸易日益繁忙，太湖南岸的蚕桑区也不断扩大。人口的增加导致对水产品需求的急剧增长，"鱼行"等水产商业兴盛，进而推动了养鱼事业的发展，人们已经掌握了从江中捕捞"四大家鱼"鱼苗并放养到池塘的技术。这一时期，水政体制发生重大改变，治水屯田改为以漕运为纲，但人们对水土资源的利用却急剧扩大和加强，造成太湖水利矛盾突出，在这一背景下集约化程度更高的桑基鱼塘成为更多农民的选择。至元朝，太湖地区总体上延续了蚕渔业的发展，浙江仍是征收丝税的重点地区，司农司苗好谦编撰的《农桑图说》和《农桑辑要》均被要求在江浙广泛发行。

江南地区在明清时期进入了商品经济迅速发展的时期，一直以来以水稻种植为主的农业结构发生重大变化，蚕桑、养鱼的比重有很大增加。明初开始，政府提倡蚕桑生产，洪武元年（1368年）曾颁令"凡民有田五亩至十亩者，栽桑半亩；十亩以上倍之，田多者按比例增加……不种桑出绢一匹，多种桑不限"，重视程度可见一斑，为蚕丝品提供了巨大出口机会。在国内外市场扩大的背景下，植桑养蚕能够比种稻获得更多的利润，而且集约化程度更高，更适合这一时期由于人口增加导致的人多地少的状况。明朝中叶以来，太湖南岸地区缫丝技术改进，形成著名品牌"湖丝"，开始在国内外丝织市场上占据优势地位。蚕业繁荣使专业化桑园和桑叶交易逐渐兴起，很多农民由种稻改为种桑，明末时期"桑争稻田"现象在嘉湖地区蔓延。与土地种桑类似，淡水养鱼也迅速发展，人口的聚集带来了城镇、市集的兴旺，刺激了水产业的兴盛；四大家鱼的池塘养殖方法更为完善，外荡水域也被开发利用。这一时期，种桑和养鱼占据了大量水田，农民将田中泥土挑起培桑、水田改成鱼塘，使桑地与鱼塘相依，而且人口的密集要求对水土利用要更加精细化，促使人们普遍使用桑基鱼塘的生产模式。清朝至民国时期，受战争、国际丝绸贸易波动等影响，蚕桑业经历多次起伏，而太湖南岸养鱼技术更趋完善，淡水养殖集中区以湖州菱湖最为出名，对全国淡水养鱼产生了很大影响。另外，有关湖羊的历史记载在明清时期渐多，例如明末《沈氏农书》中详细说明了湖羊饲养的方法，并提到十一只湖羊可以"每年净得肥壅三百担"，羊粪肥桑是养羊的主要目的。通过上述分析可以推断，明末清初太湖南岸桑基鱼塘集约化农业模式已成熟繁荣。

中华人民共和国成立后，蚕桑业受到极大重视，虽经历三年国难时期、"文化大革命"等影响，但总体是发展的，科学养蚕技术得到了普及；四大家鱼繁殖技术取得突破性进展，1958年、1960年、1962年和1963年人工繁育鳙鱼、鲢鱼、草鱼和青鱼先后获得成功，结束了自古依赖捕捞长江天然鱼苗的历史。

改革开放以后，家庭联产承包责任制的实施、市场经济体制的形成，极大推动了全国经济发展，太湖南岸蚕桑、养鱼产业高速增长，桑基鱼塘模式得到各界认同，在国内外多地进行试点推广。进入21世纪后，受国际丝绸业衰退及国内产业区域转移影响，太湖地区蚕桑生产开始下滑，老鱼塘标准化改造引发了传统桑基鱼塘的大面积消亡，传统的桑鱼复合生产模式濒临解体，农民追逐经济效益而重鱼轻桑，并转向规模化水产养殖。

2010年以来，以桑基鱼塘传统生产模式为主要保护对象的湖州南浔桑基鱼塘、嘉兴俞家湾桑基鱼塘（见附录）先后入选市级、省级文物保护单位，并被划入全球重要农业文化遗产"浙江湖州桑基鱼塘系统"、中国重要农业文化遗产"浙江桐乡蚕桑文化系统"等的核心保护区。在此推动下，濒临消失的桑基鱼塘得以被保护和传承，果基鱼塘、油基鱼塘等新型模式被推出。

CHAPTER 2　**第二章**

太湖南岸桑基鱼塘的衰退与萎缩

第一节 | 桑基鱼塘的结构变化与规模下降

　　1978年党的十一届三中全会做出了改革开放的重大决策，实施了一系列改革和开放的政策，尤其是将计划经济体制改革为社会主义市场经济体制，对中国经济社会发展产生了巨大影响。在此外部环境变化下，国内各地区的农业发展方式受到冲击，推动传统农业向现代农业转型。太湖南岸以湖州为代表性区域的桑基鱼塘在改革开放以来的短短40多年里有起有伏，变化极大。

　　根据定义，池塘内鱼类养殖与其周边塘基上桑蚕生产发生充分物质、能量交流才能算得上真正的桑基鱼塘，但这一标准很难在农业统计中实施。湖州市农业统计是按照农、林、牧、渔等产业分别独立进行，并不存在针对桑基鱼塘这一集合农、牧、渔等多产业复合生产系统的专门统计。因此，桑基鱼塘的发展情况难以从统计资料中直接获得。

　　转换分析视角，桑基鱼塘的土地载体包括桑地和池塘两部分，虽然不能将农业统计中桑基面积与池塘的面积之和等同于桑基鱼塘的面积，但通过它们的面积变化也能很大程度上反映桑基鱼塘的发展情况。为尽量规避重要农业文化遗产保护对农业现代化时期桑基鱼塘发展变化带来的影响，湖州市桑地与淡水养殖面积的统计仅限于浙江湖州桑基鱼塘系统成功申报全球重要农业文化遗产之前，即1978—2016年。如图2-1所示，桑地面积与淡水养殖面积在1978—2016年均发生较大变化，但趋势不同：种桑面积在1978—1994年总体呈增加趋势，之后趋于快速减少；淡水养殖面积在1979—1986年急剧增加，1986—2005年基本保持平稳，之后又持续增加。对比来看，湖州市种桑与淡水养殖的面积比除少数年份出现小幅上升以外，总体呈持续下降趋势，由1979年的最大比值1.73下降到2016年的最小比值0.54。这种变化反映了蚕桑与淡水养殖的反向发展，由此会直接引起桑基鱼塘总面积减少或系统内部基塘比例减小。

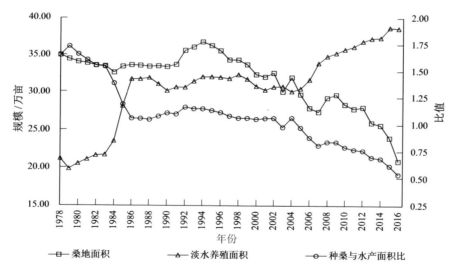

图2-1　1978—2016年湖州市种桑与淡水养殖规模变化（顾兴国／绘制）
数据来源：《2017湖州市统计年鉴》、2006—2016年的《湖州市蚕桑年报》、2006—2016年的《湖州市渔业年报》。

进一步，利用相关统计数据可以计算种桑与淡水养殖的单位产出及利用情况（图2-2）。与种桑规模的变化较为一致，湖州市种桑平均每亩①养蚕种数以1990年为界分为两个阶段，前一阶段不断增加，后一阶段呈减少趋势；而淡水养殖平均亩产量自1978年以来一直持续上升。与桑基鱼塘相关的两种土地资源的利用效率在改革开放以后发生截然不同的变化。

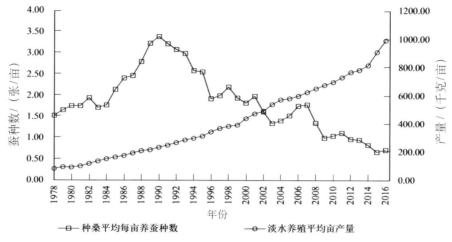

图2-2　1978—2016年湖州市种桑养蚕与淡水养殖的单位面积产出变化
（顾兴国／绘制）

数据来源：《2016湖州市统计年鉴》、2006—2016年《湖州市蚕桑年报》、2006—2016年《湖州市渔业年报》。

上述两种对湖州蚕桑和淡水养殖发展趋势的统计描述较为一致。改革开放以来，湖州市蚕桑的生产规模和土地利用效率在20世纪90年代初达到最大，2016年桑地面积较最大种植规模时减少43.2%，平均每亩养蚕种数较最高土地利用效率时下降68.2%，蚕桑生产整体上降低了86.1%。淡水养殖的生产规模和单位面积产出均呈不断上升趋势，相比1978年分别提高81.18%和1091.8%，淡水养殖生产整体提高了2066.3%。桑基鱼塘两大相关土地资源的利用在20世纪90年代初期以后呈反向发展，间接反映了桑基鱼塘的分解与整体萎缩。

_____

①亩为非法定计量单位，1亩=1/15公顷。——编者注

第二节 | 蚕桑、水产、湖羊等产业发展影响

桑基鱼塘传统生产模式包含桑、蚕、鱼、羊等生产活动，它们分别是蚕桑业、水产业、湖羊业的组成部分。各相关产业能否均衡协调发展，对太湖南岸桑基鱼塘的可持续利用影响巨大。以下是对改革开放初期至浙江湖州桑基鱼塘系统成功申报全球重要农业文化遗产前，湖州市蚕桑业、水产业与湖羊业发展的分析与总结。

一、蚕桑业

作为湖州传统支柱产业之一的蚕桑业，曾在改革开放以后谱写了辉煌的发展历史，对浙江乃至中国蚕业做出过重要贡献。图2-3以蚕茧产量指标来反映近40年来湖州蚕桑业的发展变化，总体上可以分为调整上升期、高速发展期、波动下行期和持续衰退期四个阶段。

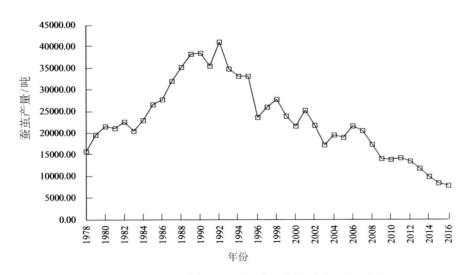

图2-3　1978—2016年湖州市蚕茧产量变化（顾兴国／绘制）

数据来源：1949—1990年《湖州市蚕桑生产统计资料汇编》《湖州市蚕桑志》（1991—2005年数据）、2006—2016年《湖州市蚕桑年报》。

第一阶段，调整上升期（1978—1988年）。1979年3月1日，浙江省革命委员会在杭州召开全省蚕桑生产会议，明确提出"各级政府要切实加强领导，迅速扭转蚕茧产量徘徊不前的局面"，重新树立了蚕桑生产的方向。1982年，湖州地区开始实行家庭联产承包责任制，桑地承包到户，以调动蚕农的生产积极性。在相关扶持和奖购政策的推动下，蚕桑业在1979—1984年的6年间逐渐摆脱了低速徘徊的局面。从20世纪80年代中期起，湖州乡镇丝绸企业快速兴起，1985年全市缫丝机共3700台（不含国有企业），为1978年的4.3倍。与此同时，国际丝绸市场对生丝的需求不断加大。国内外这些综合因素的影响，引起了1986—1988年持续抬价抢购的"蚕茧大战"，在这期间湖州蚕桑生产大幅直线上升。

第二阶段，高速发展期（1989—1995年）。在此期间，蚕茧年产量均超过3.3万吨，成为湖州蚕桑生产历史上最辉煌时期。蚕桑先进科技推广在其中发挥了主导作用，全面试验"小蚕一日两回育、大蚕少回育"等省力化新技术应用，在国内最早开展方格蔟推广，并积极引进推广高产优质家蚕新品种，科学栽桑养蚕水平得到普遍提高。另外，湖州还注重蚕种繁育基地的建设，实施蚕种品牌战略，从根本上扭转了长期靠外地调剂引进蚕种的现象。

第三阶段，波动下行期（1996—2005年）。一方面由于国际"丝绸热"，巴西、印度等国蚕茧生产大发展和国内中西部省份蚕桑业崛起，导致蚕茧供大于求，蚕茧价格大幅下降；另一方面湖州市在该时期经济高速发展，工业化、城镇化进程加快，使农村劳动力大量转移，桑地撂荒、养蚕劳力老龄化等问题凸显。双重因素影响下，湖州蚕桑生产逐渐下行，1996—2005年蚕茧的平均年产量比1991—1995年减少36.5%。

第四阶段，持续衰退期（2006—2016年）。国内市场机制日趋完善，种桑养蚕在东部经济发达地区的收入水平远落后于其他生产，形成较为明显的"比较经济效益低"的问题。绝大多数中青年因此选择从事其他行业劳动，放弃蚕桑生产。在此期间，湖州蚕桑生产持续衰退，2016年蚕茧产量比2006年减少了63.8％，种桑面积也下降到新中国成立以来的最小规模。

在人工管理下，湖州地区桑树一般有3季桑叶成长期——春季、夏季和秋季，前两季各养一次蚕，秋季桑叶成长期较长，可以养2～3次蚕。在各个养蚕期中，平均每张蚕种的产茧量及质量有所不同，价格也存在差异。各期蚕茧产量占历年总产量的比重情况，能够反映蚕桑业发展的结构变化。图2-4显示，在蚕桑发展的前两个阶段，夏季与秋季的蚕茧产量之和平均比重超过50％，1996年以后，两者的比重均呈波动下降趋势，总和平均不到40％。可见，夏秋蚕的饲养比重伴随湖州桑蚕生产的减少而降低。

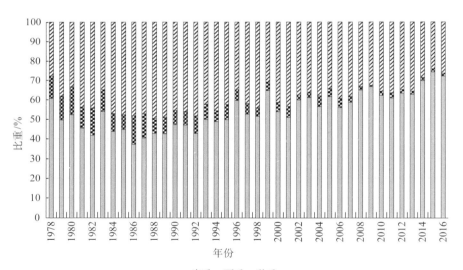

图2-4　1978—2016年湖州市春季、夏季、秋季蚕茧产量比重变化（顾兴国／绘制）
数据来源：1949—1990年《湖州市蚕桑生产统计资料汇编》《湖州市蚕桑志》（1991—2005年数据）、2006—2016年《湖州市蚕桑年报》。

二、水产业

湖州水产业包括淡水养殖、淡水捕捞和水产苗种三大行业，其中淡水养殖产出占绝大部分。淡水养殖水域又分为池塘、湖泊、水库、河沟、稻田等类型，池塘养殖面积约占一半以上。池塘是桑基鱼塘生产的两大主体之一，因此对湖州水产业发展的分析以池塘养殖为主。

改革开放初期，一系列政策措施推动湖州市水产业快速发展。1979年，湖州市被列入国家淡水商品鱼基地建设计划，国家水产总局以补偿贸易的形式拨款对老池塘进行改造和配套建设，接着湖州开始贯彻执行国家相关农村经济体制改革政策，较早地在养殖生产中实行家庭联产承包责任制，使渔民获得了自主经营权，在对菱湖池塘养鱼传统经验的总结和技术改造的基础上，形成了传统经验和现代科技成果优化组合的池塘养鱼高产养殖模式。"浙江池塘养鱼连片万亩千斤①高产技术"与"湖州市10万池塘养鱼高产技术"分别在1982—1984年、1987—1990年推广实施，科技兴渔开始发挥功效。从1985年起，国家取消淡水鱼统一派购政策，实行市场调节，鱼价大幅度上涨，养鱼经济效益成倍提高。在此阶段，池塘养殖品种主要是青、草、鲢、鳙、鲤、鲫、鳊、鲂等，与种桑养蚕结合而成的"桑基鱼塘"复合生态系统在湖州普遍发展，菱湖、和孚一带成为主要分布区域。

20世纪90年代初，消费者对虾、蟹、鳖等高档水产品的需求逐渐增加，天然水域产量难以满足市场需求。1991—1995年，水产科研、推广部门相继驯养、繁育成功中华鳖、青虾、鳜鱼、河蟹和黄鳝等本地优良野生品种，引进加州鲈鱼、罗氏沼虾等国外新品种；20世纪90年代末，又攻克了黄颡鱼、翘嘴红鲌的苗种繁育和成鱼养殖难关，技术上的突破推动了名优水产品在湖州市大面积推广养殖。在此期间，池塘养殖总面积变化不大，因此部分名优水产的推广挤占了传统水产的养殖空间。

进入21世纪，湖州水产业开始向现代水产业过渡。自2005年起，湖州开展池塘基础设施建设（中华人民共和国成立以来第二轮老鱼塘改造），市政府办公室曾两次印发《湖州市完善鱼塘经营机制实施老鱼塘改造暂行办法》（湖政办发〔2005〕110号、湖政办发〔2008〕115号），对鱼塘集中连片50亩以上的老鱼塘采用工程技术措施实施连片改造开发；2014年，湖州市累计完成老鱼塘改造7.2万亩。将老鱼塘改造成现代标准化鱼塘，不仅提高了生产条件，同时也加快了土地流转进程，推动了规模化养殖发展。与此同时，因为水产养殖行情上涨，池塘供不应求，也带动了湖州池塘养殖面积的扩张。图2-5显示，2010年池塘总面积比2005年增长了34.4%。

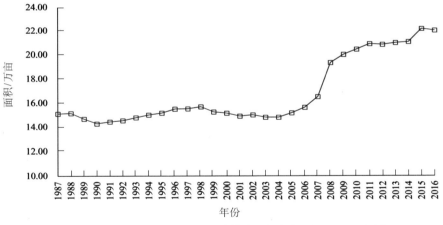

图2-5 1987—2016年湖州市池塘养殖面积变化（顾兴国／绘制）
数据来源：1988—2005年《湖州市农业统计资料》、2006—2016年《湖州市渔业年报》。

2010—2015年，根据《浙江省人民政府办公厅关于开展现代农业园区建设工作的意见》，湖州全面开展现代渔业园区的建设工作。2015年末，现代渔业产业区块面积已达到5.01万亩。当前，湖州水域资源利用率已达上限，多数农户通过调整养殖结构来应对市场风险，产业发展总体上趋于平稳。

改革开放至今，湖州水产业持续快速发展，并完成了从传统渔业向现代渔业的转型，主要表现为：规模化养殖成为主要生产方式，单位面积产出不断增加，传统养殖鱼类的生产比重越来越小，而特种水产持续攀升。图2-6显示，近15年来湖州鲈鱼产量的增长速度明显高于四大家鱼。水产业的现代化发展对桑基鱼塘产生了巨大冲击，并且与蚕桑业的萎缩衰退形成对比。

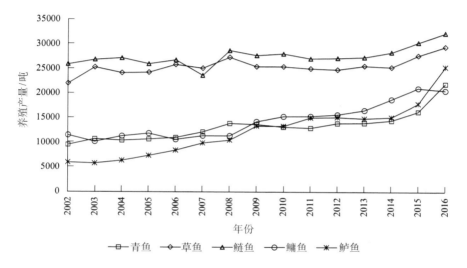

图2-6　2002—2016年湖州市池塘养殖青、草、鲢、鳙、鲈鱼的产量变化
（顾兴国／绘制）

数据来源：1988—2005年《湖州市农业统计资料》、2006—2016年《湖州市渔业年报》。

三、湖羊业

湖羊主要分布于湖州等太湖流域，以枯桑叶、杂草、蚕沙等为食。羊粪可供种粮植桑，对小农时代的经济社会发展产生了重要影响。

20世纪70年代末，湖州湖羊养殖规模达到历史顶峰，平均每三人饲养一只羊，养殖规模达到70万只，产肉量达万吨，积肥供种桑种粮，优质湖羊羔皮价格昂贵，成为农户提高收入的重要途径。改革开放后，随着农村二、三产业的发展，养羊比较效益降低，湖羊存栏量递减。1985年以后至20世纪90年代末，湖羊年存栏量仅20万只左右（图2-7）。

进入21世纪以来，随着人们生活水平不断提高，羊肉消费需求日益增加，价格也不断攀升，养羊效益显著提高，湖羊产业重新焕发生机，但湖羊散户养殖方式逐步退出历史舞台，规模化、标准化养殖趋势而上，湖羊生产又逐渐回升。2016年湖羊存栏量较2007年增长86%，存栏100只以上的规模化养殖占65%，其中存栏500只以上的规模养殖占43.6%。

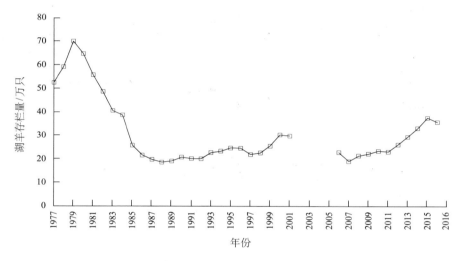

图2-7　1977—2016年湖州市湖羊养殖存栏量变化（顾兴国／绘制）
数据来源：湖州市畜牧兽医局，2002—2005年数据缺失。

第三节 | 外部经济社会条件变化及主要影响

封建社会时期，太湖南岸桑基鱼塘逐渐形成并发展。这一生态农业模式的出现与演变，深受多重因素的共同驱动与影响，包括自然条件、水土资源管理策略、政治环境的变迁、人口数量的增减、生产技术的革新以及市场环境的波动等。特别是在明末清初时期，桑基鱼塘开始广泛流行于太湖地区，这不仅是当地农户对综合种养生产方式的一种自然选择，更是他们对环境资源的高效利用与可持续发展的朴素理念的体现。

中华人民共和国成立以后，我国社会制度发生了根本性变化。改革开放伟大实践更是推动经济社会的发展达到新的高度，带来了前所未有的繁荣与活力。然而，与明末清初时期相比，桑基鱼塘所面临的外在环境已经发生了翻天覆地的变化。其中，商品经济的蓬勃发展与农业技术的突飞猛进，对桑基鱼塘的影响尤为显著。

改革开放以来，我国商品经济以惊人的速度发展，市场机制逐渐成为资源配置的主导力量。在这一背景下，与桑基鱼塘相关的蚕桑、水产、湖羊三大产业的发展，更多地依赖于消费需求和生产供给的动态平衡。

从消费需求的角度来看，蚕桑业极易受到国际市场波动的影响。在1978—1988年、1996—2005年这两个阶段，蚕桑业的发展轨迹与国际丝绸市场的动荡紧密相连，充分展现了国际市场需求对产业发展的深远影响。之后，大众需求的缩减，对蚕桑业发展的推动作用变得相对较弱。与此同时，水产品作为人们日常补充蛋白质的重要途径，一直拥有广阔且稳定的市场需求。随着经济社会的发展和人们生活水平的提高，对特种水产等高档产品的需求不断增长，这无疑为水产业的发展注入了新的活力。市场需求的持续增长，明显拉动了水产业的蓬勃发展。湖羊业则以其丰富的产品线，包括鲜美的羊肉、优质的羊毛以及珍贵的羔羊皮等，满足了不同时期、不同消费者的多样化需求。目前，以羊肉为主的市场需求稳定地推动着湖羊产业的持续发展。

从生产供给的角度来看，三大产业的生产技术均取得了显著的进步。化肥、农药和先进机械设备的广泛使用，大大提高了农业生产效率，为产业的快速发展奠定了坚实的基础。然而，其他生产要素如劳动力则受到城镇化和工业化的深刻影响，随着大量农村人口向城市迁移，相关从业人数不断减少，且从业人员老龄化趋势日益明显（图2-8）；在组织管理形式上，为了适应市场变化和提高生产效率，专业化、规模化成为农业发展的必然趋势。近年来，水产业和湖羊业已经率先实现了以规模化生产为主的生产模式；而蚕桑业则受限于技术突破和市场需求的变化，仍处于规模化生产的试验和探索阶段。

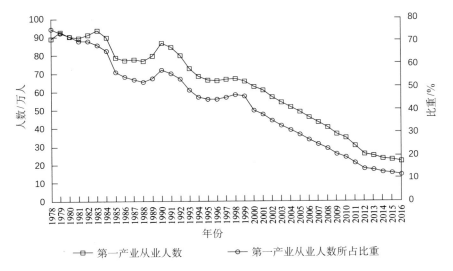

图2-8　1978—2016年湖州市第一产业从业人数及其所占比重变化（顾兴国／绘制）
数据来源：《2017湖州统计年鉴》。

分产业来看，蚕桑业近年来面临着需求拉动和供给推动均不足的困境。为了实现产业的可持续发展，规模化生产将成为其未来发展的主要突破口。通过扩大生产规模、提高生产效率、降低生产成本以及创新产品种类和品质等方式，有望重新激发蚕桑业的市场活力和发展潜力。与此同时，水产业和湖羊业在供给方面仍具有巨大的开发潜力。这两个产业不仅拥有广阔的市场需求和稳定的消费群体，还具备多样化的产品线和灵活的生产方式。为了适应经济社会发展对生产供给的结构性调整要求以及满足人们多样化的消费需求变化，水产业和湖羊业需要不断创新生产技术和管理模式，提高产品质量和附加值，以更好地满足市场需求并推动产业持续健康发展。

　　总体而言，桑基鱼塘的衰退与相关产业发展规模和生产方式的变化密切相关。为了实现这一传统农业生产模式的持续发展，必须灵活适应现代化进程中的外部条件变化，不断创新和调整产业发展策略，以更好地融入现代市场体系并实现可持续发展。

太湖南岸桑基鱼塘生产效率的
跨时期分析

第一节 | 跨时期的三种桑基鱼塘

一、明末清初桑基鱼塘

　　自明末清初起，人多地少就成为江南地区经济水平提升的主要限制条件。为突破限制，提高自然资源的合理利用和农业的商品化程度逐渐成为明末以来江南农业发展的两大主要方向。提高自然资源的合理利用具有多种方式，包括合理布局农业生产、改造微观生态环境、加大单位土地面积投入、废弃物循环再利用等。明末以后，稻、桑、鱼、羊生产相结合的生态农业普遍发展起来（李伯重，2003），它模拟生物食物链结构并合理配置时空结构，多级循环利用系统中的物质和能量。农业发展方向的变化必然有对应农户生产经营方式改变的体现。"男耕女织"曾是对中国传统家庭农业生产的形象描述，但在明末清初"耕织之业，男女同力""田家妇女亦助农作，镇市男子亦晓女红"等在江南地区的农户生产中变得普遍，适应经济压力的增加和市集经济的发展，小农家庭生产方式趋向多样化（周玉兵，2007）。另外，据李伯重在论文中考证，明末至清末期间江南地区普通小农家庭（一般包括一对夫妇及其子女、父母）的户均耕地面积为10亩左右，但在空间上又不均衡。在有限的耕地内，农户发挥主观能动性，通过组合不同种生产来提高综合效益，使集约化程度较高的桑基鱼塘普遍出现。

明清时期中国出现了大量农书，内容涉及传统农业生产的方方面面。其中，16世纪成书的《戒庵老人漫笔》与17世纪成书的《沈氏农书》《补农书》等对太湖南岸地区农户生产经营稻、桑、蚕、鱼、羊等的内容记载详细，很多学者据此对当时生态农业的发展水平以及各种生产的投入产出情况作了深入研究。明朝后期，多种生产组合而成的生态农业模式已经在江南地区逐渐普及，并为小农经营所采纳（李伯重，2003），桑基鱼塘是其中极具代表性的生产模式。在前人研究的基础上，可以依据桑基鱼塘的生态学原理对桑、蚕、鱼、羊的生产进行组合，利用相关数据来反映明末清初太湖南岸桑基鱼塘生产及效益情况。

首先，桑基鱼塘的产前改造需要一笔不菲的基建费用，而且生产风险相对较大，生活贫困的佃农往往无法承受，因此进行桑基鱼塘生产的农户多为自耕农。他们生产用的桑地与鱼塘不需要向地主交租金，但要向国家缴纳赋税。其次，对于普通桑农来说，一般利用2～3亩的土地来种桑，再搭配其他生产；而张履祥在《补农书·策邬氏生业》中为以妇孺为主要劳动力的邬氏一家的农业生产设定了3亩桑地，故普通农户的桑基鱼塘生产也采用3亩地种桑。此外，鱼塘面积按照与平均基塘面积1∶1的比例来建造，亦为3亩；养蚕一年一季，3亩桑地生产的春季桑叶可供养2小幅蚕种；要补充3亩桑地的肥力，10～12只湖羊的存栏量应能提供足够的羊粪。这样的生产组合可以展现小农家庭桑基鱼塘生产的一般情况，详见表3-1。

从桑基鱼塘相关生产的成本收益对比来看，种桑与养鱼盈利，而养蚕与养羊亏损。但农户一般不会将自有投入（隐性成本）算入总成本，即只计算显性成本；除去人工和房屋等成本，养蚕与养羊的收支基本相抵，因此农户不会认为有亏损。从桑基鱼塘生态农业系统的内部联系来看，一种生产的产品或者废弃物会成为另一种生产的投入，例如养殖湖羊虽然没有盈利但获得了可以补充土地肥力的羊粪，这对小农实现持续耕作极为重要。复合系统的生产联系弥补了单项生产只能依靠外部投入的问题，而且生产时间在全年中较为分散，能够更充分地利用家庭劳动力。

表3-1　明末清初太湖南岸桑基鱼塘投入与产出情况

投入项目	数量	单位	年成本/两*	来源	产出项目	数量	单位	年收益/两	用途
桑地	3	亩	0.519①	交税	春季桑叶	635	千克/亩	19.05	养蚕
桑秧			0.3	购买	秋季桑叶	318	千克/亩	2.38	养湖羊
河泥	1080	担**/亩	0	自采					
粪肥	75	担/亩	3.15	自产					
农具			0.225	购买					
人工	144	工	7.1	自有					
种桑成本：11.294两					种桑收益：21.43两				
蚕种	2	小幅②	1.4	购买	蚕茧	150	千克		缫丝
桑叶	1905	千克	19.05	自产	蚕丝	18.8	千克	24	出售
蚕房			0.05①	自建	蚕蛹	130	千克		养鱼
蚕具			0.1	购买	蚕沙	900	千克		肥桑/养鱼
养蚕人工	60	工	1	自有					
缫丝人工	48	工	1.8	自有					
蚕碳			3.9	购买					
养蚕成本：27.3两					养蚕收益：24两				

*两为古代货币单位，明末清初时1两银子约为220元人民币。
**担为古代重量单位，1担=50千克。

（续）

投入项目	数量	单位	年成本/两[a]	来源	产出项目	数量	单位	年收益/两	用途
种羊[d]	6[d]	只	0.25[d]	购买	羊羔	6	只	2	出售
桑叶	954	千克	2.38	自产	羊毛	9	千克	1	出售
枯桑叶	2100	千克	1.5	购买	羊粪	150	担	3.15	肥桑
树叶、杂草	4500	千克	0	自采					
羊草	2100	千克	1.5	购买					
垫柴	1500	千克	1	购买					
人工	70[e]	工	1.2	自有					
养羊成本：7.83两					养羊收益：6.15两				
池塘	3	亩	0.021	交税	鱼	83[e]	千克/亩	9	出售
草、青鱼苗	350[f]	尾/亩	1[g]	购买	塘泥	300	担/亩		肥桑
鲢、鳙鱼苗	100[f]	尾/亩		购买					
其他鱼苗	50[f]	尾/亩		购买					
水草	1000[h]	千克/亩	0	自采					
螺蛳、蚬、蚌等	230[h]	千克/亩	0	自采					
人工	95[e]	工	2	自有					
养鱼成本：3.021两					养鱼收益：9两				

注：① 参照张履祥辑补、陈恒力校译的《补农书校释》（1983）第186页。

② 每小幅蚕种产10筐蚕茧，每筐蚕茧7.5千克。

③ 依据周玉兵的《明清江南小农的家庭生产与经济生活研究》（2007）估算。

④ 品种为湖羊，种羊包括1只公羊和5只母羊，8年生产期。

⑤ 依据《农业技术经济手册》（修订本）（1984）估算。

⑥ 参考《湖州府志》（1874）记载"一池中畜青鱼、草鱼七分，则鲢鱼二分，鲫鱼、鳊鱼一分，未有不长养者"。

⑦ 依据尹玲玲的《明清时期长江中下游地区的鱼苗生产与贩运》（2002）估算，鱼苗生长3年可售。

⑧ 据饵料转换率估算。

二、桑基鱼塘传统模式

明清以后，受多种因素影响，桑基鱼塘发展有起有伏，但20世纪90年代以来，太湖流域蚕桑业逐步萎缩，规模化水产业快速发展，桑基鱼塘农业模式也因产业发展不协调而濒临消失。2002年，联合国粮食及农业组织为保护具有全球意义的传统生态农业系统，发起了全球重要农业文化遗产（Globally Important Agricultural Heritage Systems，简称GIAHS）项目；2017年浙江湖州桑基鱼塘系统通过联合国粮食及农业组织专家评审，入选全球重要农业文化遗产名录，仅存的桑基鱼塘传统模式被保护起来。

根据对浙江湖州桑基鱼塘系统的实地调查，原始保留下来的桑基鱼塘传统模式虽然还延续了多种生产的组合，但它们之间的物质、能量联系已经变弱，桑基鱼塘农户的数量也已经很少，而且他们在基塘比例、种苗搭配、养殖密度等方面都存在较大差异。在市场经济体制下，农户的生产行为受价值规律支配，桑基鱼塘生产能够带来的经济效益直接影响它在微观经济层面的发展状况。为反映当前桑基鱼塘生产模式的真实经济效益水平，笔者对湖州桑基鱼塘的投入产出情况开展了实地调研，并对桑基鱼塘传统模式进行了成本收益分析。

对农户在桑基鱼塘生产中投入产出情况的调查反映：其一，桑基鱼塘生产系统内部的物质、能量联系较弱，仅在蚕沙肥桑肥水、塘泥肥桑等人工生产环节以及基塘之间的自然作用环节存在较为明显的联系，而且对系统经济效益的影响微弱；其二，各户在基塘比例、投入项目、投入数量、产出项目、产出数量、购销价格等方面都存在差异，管理、研究部门提供的一些投入、产出指标的标准值或经验值具有区域代表性。

据此，笔者通过对桑基鱼塘农户的调查、与湖州市经济作物技术推广站蚕桑专家座谈后对获得的数据进行以下处理：首先，将桑基鱼塘复合生产模式分成种桑养蚕、池塘养鱼、养殖湖羊三种，分别对其进行数据整理分析。其次，为反映各生产模式的普遍状况，先参考管理、研究部门提供的标准或经验数据，再对投入产出中其他调查数据进行平均化处理。最后，根据市场价格计算农户的投入成本和产出收益。数据处理结果见表3-2、表3-3、表3-4、表3-5。

表3-2　种桑养蚕的成本收益情况

投入项目	数量	单位	单位价格/元	年成本/元	产出项目	数量	单位	单位价格/元	年收益/元
桑地	1	亩	800	800	桑叶	4200	千克	全供养蚕	0
桑苗	700	棵	1	47①	蚕茧	120	千克	33	3960
蚕种	3	张	80	240	湿蚕沙	1500	千克	可供肥桑肥水	0
蚕房	35	米²		250②					
剪刀	2	把	20	3③					
蚕匾	20	个	50	67③					
蚕布	2	块	30	4③					
蚕网	20	个	50	67③					
木架	4	个	50	13③					
电炉	1	个	180	12③					
复合肥	125	千克	4	500					
桑药	2	瓶	5	10					
蚕药	5.25	千克	4	21					
石灰粉	75	千克	0.6	45					
人工	50	工	60	3000					
电能	93	千瓦·小时	0.538	50					
总成本：5128元					总收益：3960元				

注：① 桑树平均换苗期为15年。

② 35米²的蚕房造价共约15000元，平均折旧期为20年；另外由于每年养蚕时间共4个月，蚕房在其他时间可作他用，因此用作养蚕的折旧费占全年折旧费的1/3。

③ 工具平均折旧期为15年。

在桑基鱼塘传统模式中，池塘养殖主要分为四大家鱼养殖和特种水产养殖，表3-4以特种水产养殖中较为普遍的鲈鱼为例，分析其成本收益情况。

表3-3　养殖四大家鱼的成本收益情况

投入项目	数量	单位	单位价格/元	年成本/元	产出项目	数量	单位	单位价格/元	年收益/元
池塘	6	亩	1000	6000	青鱼	900	千克/亩	14	75600
青鱼苗	225[①]	千克/亩	14	18900	草鱼	200	千克/亩	10	12000
草鱼苗	50[①]	千克/亩	10	3000	鲢鱼	100	千克/亩	5	3000
鲢鱼苗	20[①]	千克/亩	5	600	鳙鱼	50	千克/亩	9	2700
鳙鱼苗	10[①]	千克/亩	9	540	塘泥	15000	千克/亩	可供肥桑	0
增氧机	2	台	1000	200[②]					
抽水泵	1	台	1200	120[②]					
青鱼饲料	1	吨/亩	5000	30000					
草鱼饲料	100	千克/亩	3	1800					
鱼药				300					
人工	57	工	100	5700					
电能	2231	千瓦·小时	0.538	1200					
总成本：68360元					总收益：93300元				

注：① 青鱼苗、草鱼苗、鲢鱼苗与鳙鱼苗的规格分别为0.75千克/尾、0.25千克/尾、0.25千克/尾、0.25千克/尾。

② 增氧机与抽水泵的平均折旧期为10年。

表3-4　养殖鲈鱼的成本收益情况

投入项目	数量	单位	单位价格/元	年成本/元	产出项目	数量	单位	单位价格/元	年收益/元
池塘	10	亩	1200	12000	鲈鱼	15000	千克	30	450000
鲈鱼苗	60①	千克/亩	60	36000	塘泥	15000	千克/亩	可供肥桑	0
增氧机	3	个	1000	300②					
抽水泵	1	个	1200	120②					
鲈鱼饲料	2	吨/亩	12000	240000					
鱼药				500					
消毒剂				1000					
人工	72	工	120	8460					
电能	3346	千瓦·小时	0.538	1800					
总成本：300180元					总收益：450000元				

注：① 鲈鱼苗的规格为0.005千克/尾。

② 增氧机与抽水泵的平均折旧期为10年。

表3-5　养殖湖羊的成本收益情况

投入项目	数量	单位	单位价格/元	年成本/元	产出项目	数量	单位	单位价格/元	年收益/元
种养	6①	只	3150	1575	成羊	675③	千克	30	20250
羊舍	25	米³	250	312.5②	羊粪	7080④	千克	0.1	708
干草	种羊365 / 羊羔150	千克/只 / 千克/只	0.9	3996					
精料	种羊182.5 / 羊羔32.5	千克/只 / 千克/只	2.4	3798					
糟渣料	种羊730 / 羊羔150	千克/只 / 千克/只	0.2	1326					
青贮料	种羊730 / 羊羔45	千克/只 / 千克/只	0.22	1112					

投入项目	数量	单位	单位价格/元	年成本/元	产出项目	数量	单位	单位价格/元	年收益/元
疫苗				115.5					
石灰粉	50	千克	0.6	30					
人工	146	工	60	8760					
水电				420					
总成本：21445元					总收益：20958元				

注：① 种羊含1只公羊和5只母羊，规格为45千克/只，平均生产期为12年。

② 羊舍平均折旧期为20年。

③ 母羊每年可繁殖1.5～1.7胎，平均产羔率高于230%，因此每年可产15只羊羔；羊羔150天可长成成羊（平均45千克/只）。

④ 种羊平均每只每天产羊粪2千克，羊羔平均每只每天产羊粪1.2千克，羊粪可供肥桑。

根据上述生产投入产出情况可以进一步对其成本收益情况进行比较分析。表3-6显示，成本收益比（指收益/成本，下同）从高到低依次为养殖鲈鱼、养殖四大家鱼、养殖湖羊和种桑养蚕。特种水产一般为规模化养殖（10亩以上），利润最高；四大家鱼养殖的收益大于成本，利润次之；养羊的存栏规模较小，成本与收益相当，利润接近零；种桑养蚕的成本高于收益，从事该生产的农民多为60岁以上的老人，对种桑养蚕具有浓厚情结。该分析实际上反映了多数农民心中的"账本"，除了长期劳动习惯形成的情结以外，他们更多的是依据"账本"理性安排生产。蚕桑与湖羊生产的比较效益低，而且复合循环生产所带来的经济效益影响微弱，导致越来越多的农户放弃桑基鱼塘生产模式。各生产的成本收益比排序与它们对应的产业发展形势也较为一致。

表3-6　桑基鱼塘相关生产的成本收益比

项目	种桑养蚕	养殖四大家鱼	养殖鲈鱼	养殖湖羊
收益/成本	0.77	1.36	1.50	0.98

上述生产均为桑基鱼塘生产系统的一部分，鲈鱼养殖规模大，与蚕桑结合并不充分；湖羊参与桑基鱼塘生产较少，在调查农户中占比不足5%。蚕桑-四大家鱼复合种养系统是当前湖州桑基鱼塘农业文化遗产核心保护区内农户采用的主要搭配模式，在本书中称之为桑基鱼塘传统模式。与小农时代相比，该模式延续了废弃物循环利用的生态构造，但这一维持生物间联系的废弃物（蚕沙、塘泥、羊粪等）循环利用环节大部分被化肥、饲料的投入所代替，生产所形成的废弃物仅作为化肥、饲料的补充，导致系统内部联系变弱。据农户生产经验得知，每张蚕种可产约500千克湿蚕沙，与12.5千克复合肥的肥力相当；每亩池塘每年可积累约15000千克塘泥（25%泥+75%水），与7.5千克复合肥的功效相当。结合表3-2、表3-3，可以推算桑基鱼塘传统模式的总成本与总收益分别为73488元和97260元，成本收益比为1.32。

三、桑基鱼塘新型模式

2016年，湖州地区开始引进池塘循环水养殖系统，并在多家家庭农场内建成运行。在池塘循环水养殖系统中，大池塘和并行的多条水槽两端连接成环形，通过在水槽内安装的推水设施使静态水环流成为循环水系；池塘内通过生物养水、水槽内高密度养鱼，并利用吸污器及时吸取水槽内残存饲料和鱼粪便。该系统既保证了池塘中的良好水质，又提高了养殖产量。

南浔区菱湖镇射中村的云豪家庭农场将池塘循环水养殖系统与种桑养蚕结合，形成桑基鱼塘新型模式（图3-1）。它把从池塘循环水养殖系统中产生的废弃物吸出并放到污泥沉淀池里发酵，然后将其用作周边桑地的肥料；桑树长成后收获桑果和桑叶，桑果直接销售，而桑叶则分别用于养蚕种、生产蚕饲料和加工桑叶茶；养蚕使用规模化机械，以减少人工投入，养蚕产出的蚕沙等废弃物再用来肥水肥桑。

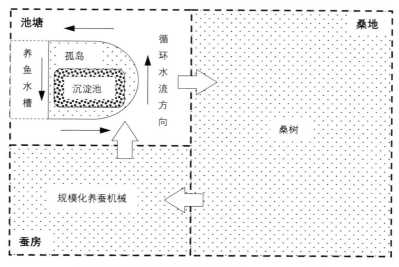

图 3-1　桑基鱼塘新型模式示意（顾兴国／绘制）

桑基鱼塘新型模式在池塘循环水养殖系统的基础上延长了生产链，实现了对废弃物的循环利用和生态环境的保护，具有多个收入来源。

南浔区菱湖镇射中村云豪家庭农场的桑基鱼塘自2016年8月底开始投产，调查数据的采集时间为2017年10月，表3-7记录了该系统在2016年9月至2017年8月的投入产出情况。该生产系统的成本收益比为1.84，高于桑基鱼塘传统模式中各项生产。由于是第一年运行，桑基鱼塘生产并不完善，具体表现为：桑树第一年长成后的产出相对较低；桑叶免费提供给合作农户养蚕种，并无系统收益；少量蚕沙被用于肥桑，回收利用率小；水产品的生态质量高，但其收益仍按照普通水产价格计算。为强化蚕桑生产，云豪家庭农场于2017年10月购置了规模化养蚕设备和配套场地，秋季开始试运行。在进一步完善的基础上，云豪家庭农场桑基鱼塘新型模式可能会有更高的经济效益，并有可能成为未来桑基鱼塘发展的新途径。

表3-7　桑基鱼塘新型模式的成本收益情况

投入项目	数量	单位	单位价格/元	年成本/元	产出项目	数量	单位	单位价格/元	年收益/元
循环水池塘	21	亩	840	17640	桑叶④	10500	千克	0	0
普桑桑地	45	亩	840	37800	桑叶⑤	35000	千克		30000
果桑桑地	5	亩	840	4200	桑叶茶	100	千克	200	20000
桑苗	700	棵/亩	共35000	2333①	桑果	3000	千克	10	30000
鲢鱼苗	150	千克	5	750	鲈鱼	10000	千克	30	300000
鳙鱼苗	200	千克	9	1800	土鲫鱼	25000	千克	26	650000
青虾苗	300	千克	60	18000	青虾	700	千克	90	63000
鲈鱼苗	313	千克	40	12520	水槽废物	7500	千克	可供肥桑	0
土鲫鱼苗	528	千克	50	26400	蚕沙	300	千克	全供肥桑	0
条形水槽	938	米²							
废物收集池	60	米²							
生产用房	54	米²							
道路	100	米							
发电机	1	台							
电力线路	300	米	共542000	36133②					
吸污设备	1	套							
自动投饵机	3	台							
气提式增氧机	5	台							
池底增氧设备	1	套							
一般农具	若干		共2000	400③					
氨基酸肥	1000	千克	4	4000					

投入项目	数量	单位	单位价格／元	年成本／元	产出项目	数量	单位	单位价格／元	年收益／元
青虾饲料	700	千克	6.5	4550					
鲈鱼饲料	15000	千克	11.6	174000					
土鲫鱼饲料	40000	千克	5.3	212000					
鱼药、消毒剂				2750					
人工				40000					
总成本：595276元					总收益：1093000元				

注：① 桑树平均换苗期为15年。

② 设备设施的平均折旧期为15年，其中设备8～10年，道路、房屋、水槽等20年。

③ 农具的平均折旧期为5年。

④ 免费用于养蚕种（15张），第一年以"公司＋农户"模式试验。

⑤ 用于生产蚕饲料。

第二节 ｜ 成本收益对比分析

通过对历史文献、农户、部门等进行不同形式的调查与数据整理分析，笔者分别获取了明末清初桑基鱼塘与当前桑基鱼塘传统模式、新型模式的投入产出及对应的成本收益情况。与同时代其他生产的比较，能够反映桑基鱼塘模式的经济价值水平，是农户选择何种生产模式的直接依据；而跨时期桑基鱼塘生产的成本收益及其结构比较，则能显现该农业模式的古今变化，为农业文化遗产系统的动态保护与适应性发展提供支持。明末清初时期与当前农户的桑基鱼塘经营规模不同，除部分比例关系可直接比较以外，其他指标项目应按照系统土地面积（亩）经单位化处理后进行比较。另外，由于货币单位的不同，明末清初时期与当前的比较可以依据各指标值相对总值的占比。

一、明末清初时期不同生产模式对比分析

太湖南岸的平原地区以植桑种稻为主，5亩桑地或者10亩稻田为一般农户的平均耕作能力标准。基于耕作能力标准和古籍文献记载，周玉兵（2007）确定了普通农户植桑和种稻的面积，并估算了该地区农户的生产收入和家庭支出情况，反映出明末清初时期太湖南岸普通小农家庭的经济生活水平。从表3-8可以看出，植桑的单位面积收入远高于种稻，桑稻农户的总收入也远高于纯种稻农户。当时很少有农户只种桑养蚕，因为蚕桑风险极大，一旦气候失常导致桑叶减产或者出现蚕病，将直接影响农民生计，所以绝大多数农户都会保持一定面积的稻田耕作。

表3-8　明末清初太湖南岸桑稻农户和种稻农户的生产收入情况

	生产项目	规模	产量	产值	总收入
桑稻农户	植桑	3亩	4200斤	21两	
	缫丝	10筐	16斤	8.5两	41.5两
种稻农户	种稻	4亩	12石[①]	12两	
	种稻	10亩	30石	30两	30两

数据来源：周玉兵（2007）。

17世纪太湖南岸地区土地利用形式主要分为四类，即田、地、山、荡，其中"田"多为稻田，"地"多用于栽桑，"荡"以养鱼为主。国家对四类土地分别征收不同的税额，稻田最高，桑地其次，鱼荡最低。因此对自耕农来说，植桑面积多有利于减少赋税；但对租种地主土地的佃农而言，单位面积稻田和桑地的租金基本一致。表3-9显示出桑稻种植规模和比例都相同的自耕农与佃农，因土地、房屋使用成本不同家庭年支出相差较大。

　　　①石为古代计量单位，1石约为29.95千克。

表3-9 明末清初太湖南岸桑稻农户的家庭支出情况 单位：两

农户类型	赋税	地租	生产投入	粮食	副食	衣服	房屋	总支出
自耕农	0.7	0	14	18	2	3.2	1	38.9
佃农	0	7	14	18	2	3.2	1.2	45.4

注：① 根据张履祥辑补、陈恒力校译的《补农书校释》（1983）第186页进行了调整。
数据来源：周玉兵（2007）。

对比小农家庭的年收入和年支出发现，种植桑稻的自耕农基本能维持温饱，而稻农和佃农入不敷出，需借助其他途径来补充收入。表3-8反映了明末清初太湖南岸地区小农家庭的一般农业生产方式，为其他生产方式的分析提供了参照。理性农户往往会依据其耕作能力和可利用的资源，选择更为优化的生产组合。

参照表3-8、表3-9的计算原则，桑基鱼塘农户的"生产投入"等于购买的投入项目年收益总和，"赋税"为交税的投入项目年价值总和，"总收入"为出售的产出项目年收益总和，其他数据与桑稻农户的相同。通过计算可得，桑基鱼塘农户的家庭收入共约36两，家庭支出共35.915两，收支基本相抵。与桑稻农户相比，桑基鱼塘农户的家庭收入和支出都偏低，而且基本没有存余，但实际上可能并非如此，因为桑稻农户的缫丝收入偏高。表3-8显示桑稻农户10筐蚕茧的缫丝收入为8.5两，而桑基鱼塘农户20筐蚕茧的缫丝收入只有4.95两（表3-1，出售蚕丝的收入减去用于养蚕的桑叶成本）。若按照前者计算，桑基鱼塘农户的总收入将达到48.05两，远高于桑稻农户的家庭收入，这为明末清初时期江南地区桑基鱼塘生产模式的普遍发展提供了有力依据。

二、跨时期桑基鱼塘生产的成本收益及其结构比较分析

表3-10反映了明末清初时期与当前桑基鱼塘单位土地面积的成本收益情况，指标项目共分为投入成本、循环利用价值和产出收益

三部分，每一指标都对照各部分总值进行了占比计算。首先，投入项目主要包括土地、种苗、肥料、饲料、农药和人工等，工具、能源等纳入"其他"项目。对比后发现，投入成本中各系统占比最多的项目并不相同，明末清初桑基鱼塘人工投入占比大于50%，当前桑基鱼塘传统模式以种苗和饲料投入为主，而新型模式中饲料投入超过了60%，其中饲料均用于水产养殖。这表明，明末清初时期生产环节复杂多样的桑基鱼塘需要大量人工来维持，属于劳动集约型农业；而当前桑基鱼塘侧重于水产养殖，并依靠大量合成饲料。其次，循环利用项目显示出了桑基鱼塘的生态优势和经济优势，该部分占据比重越大，节约的经济成本就越多，废弃物被利用得也就越充分。该部分包括桑叶和废弃物两个项目，其中废弃物占比从明末清初桑基鱼塘、桑基鱼塘传统模式至桑基鱼塘新型模式逐渐减小。最后，产出项目分为桑产品、蚕产品、水产品和羊产品，但3个系统的实际产出仅包括其中2～3项。明末清初桑基鱼塘产出收益中以蚕产品为主，而当前两种模式的水产品收益均超过90%，凸显了桑基鱼塘古今生产重点的变化。

表3-10　桑基鱼塘单位土地面积的成本收益情况

序号	项目	明末清初桑基鱼塘		桑基鱼塘传统模式		桑基鱼塘新型模式	
		价值／两	占比／%	价值／元	占比／%	价值／元	占比／%
投入成本							
1	土地	0.090	2.17	971.4	9.29	840.0	10.02
2	种苗	0.492	11.87	3332.4	31.89	870.5	10.38
3	肥料	0.000	0.00	24.3	0.23	56.3	0.67
4	饲料	0.667	16.09	4542.9	43.47	5500.7	65.61
5	农药	0.000	0.00	53.7	0.51	38.7	0.46
6	人工	2.183	52.69	1242.9	11.89	563.4	6.72
7	其他	0.713	17.19	283.7	2.71	514.5	6.14
	总成本	4.144	100.00	10451.3	100.00	8384.1	100.00

序号	项目	明末清初桑基鱼塘		桑基鱼塘传统模式		桑基鱼塘新型模式	
		价值／两	占比／%	价值／元	占比／%	价值／元	占比／%
循环利用价值							
1	桑叶	3.572	87.18	960.0	95.32	236.6	99.66
2	废弃物	0.525	12.82	47.1	4.68	0.8	0.34
	总价值	4.097	100.00	1007.1	100.00	237.4	100.00
产出收益							
1	桑产品	0.000	0.00	0.0	0.00	1126.8	7.32
2	蚕产品	4.000	66.67	565.7	4.07	0.0	0.00
3	水产品	1.500	25.00	13328.6	95.93	14267.6	92.68
4	羊产品	0.500	8.33	0.0	0.00	0.0	0.00
	总收益	6.000	100.00	13894.3	100.00	15394.4	100.00

表3-11计算了不同桑基鱼塘生产的成本收益关系。可以看出，桑基鱼塘新型模式的成本收益比最高，可能会成为未来几年湖州农业发展的重要方向之一；桑基鱼塘传统模式的成本收益比最低但高于1，仍具有维持农民生计的经济功能。在循环利用价值/成本方面，明末清初桑基鱼塘表现出绝对优势，与投入成本基本相当；当前的桑基鱼塘循环利用价值的比重偏小，反映出该农业模式生态效益与经济成本节约能力的极大下降。

表3-11　桑基鱼塘成本收益情况的相关指标对比

项目	明末清初桑基鱼塘	桑基鱼塘传统模式	桑基鱼塘新型模式	规模化养殖鲈鱼
收益/成本	1.45	1.32	1.84	1.50
循环利用价值/成本	0.99	0.10	0.03	0.00

第三节 | 生态经济分析与评价

一、分析方法

（一）能值理论

能值的提出最初是建立在传统能量分析的基础之上。早在100多年前人们就已经开始广泛应用能量作为共同尺度来开展对各种系统的研究，然而这种研究只在同一类别或同一来源的能量分析研究上有效。不同类别或来源的能量存在质的差别，例如1焦耳风电能是由大于1焦耳的太阳能转化而来，相同数量的这两种能量却不能简单相比。这种"不可比性"常使能量分析陷于困境。H.T.Odum后来通过对能量转化和能量等级的深入研究，提出了能值的概念，并将其定义为：一种流动或储存的能量中所包含的另一种类别能量的数量。它强调了能量等级的差别，并为不同"质"的能量的统一衡量提供了新思路。

能值实质上是一种包被能（embodied energy），高等级能量的能值可以用它包含的低等级能量的总量来表示。不同的资源、产品和服务的能量等级不同，为了定量分析的需要，H.T.Odum又引申出一个概念——能值转换率（energy transformity），也称为能值强度（Unit Energy Values，缩写为UEVs），用来表示每单位某一等级物质或能量的能值量。由于生态经济系统中绝大多数的能量都来自太阳能，因此一般以"太阳能值"（solar energy）来衡量任一系统中能量的能值，其单位定义为太阳能焦耳（solar equivalent joule），英文缩写为sej。能值转换率也多为太阳能值转换率（solar transformity），单位为sej/J或sej/g。

地球的能量来源主要有3个，即太阳辐射能、潮汐能和地热能，根据它们之间的作用关系可以计算出潮汐能和地热能的太阳能值转换率，并由此推算出地球生态系统每年吸收的能值总量，即能值基线（baseline）。在此基础上，结合地球各圈层的相互作用关系，H.T.Odum 首次换算并发表了自然能源、金属、矿物质、农产品、劳务与信息等的能值转换率。之后相当长时间内，各国学者都以该部分数据作为基础，运用多种方法对各领域的能值转换率开展研究，至今已经形成了以5个能值手册为核心的各类型系统的能值转换率数据库。根据 Brown 和 Ulgiati（2004）归纳，已经核算了包括单位有效能、单位质量、单位货币和单位劳务等多形式主体的能值转换率；借助它们的换算，可以对自然生态系统和经济社会系统进行统一度量，来定量分析资源环境和经济活动的真实价值及它们之间的关系。

实际应用中，能值分析的对象常为某一生态系统或生态经济系统。先把系统中不同类别的能量、物质、商品、服务、劳务、信息和货币等转换成统一尺度的能值，然后借助能值分析表和能值流动图对系统的运行过程进行综合分析，最后通过能值产出率（Energy Yield Ratio，EYR）、能值投资率（Energy Investment Ratio，EIR）、能值自给率（Energy Self-support Ratio，ESR）、环境负载率（Environment Load Ratio，ELR）、能值交换率（Energy Exchange Ratio，EER）、能值密度（Energy per area）、人均能值量（Energy per capita）、能值可持续指标（Energy Sustainable Indices，ESI）等指标对该系统的发展状况进行定量评价，为其可持续发展决策提供支持。在系统边界、运行过程较为明确的条件下，能值转换率的搜集和能值指标的选择是进行能值分析与评价的关键。

（二）跨时期桑基鱼塘能值分析

桑基鱼塘系统的生产运转主要通过物质流、能量流和价值流等形式来实现，各种"流"可作为桑基鱼塘可持续发展评价的主要依托。能量分析和价值分析曾作为生态经济系统的主要研究方法，两者各有利弊。例如，物质与能量可以统一到能量标准，能量流经过桑基鱼塘系统的每个环节，记录了系统运转的全部信息，但不同类别的能量之间具有本质区别，不能直接比较。价值为商品和服务在经济社会中的流通提供度量尺度，经济社会反馈给桑基鱼塘系统的投入和被纳入经济社会的桑基鱼塘系统产出均表现为价值流的形式，但对自然环境投入的物质能量与系统产出的废弃物并无价值赋值，因而受到价值分析的忽视。综上，无论是能量还是价值都无法单独用来实现桑基鱼塘系统运行的完整描述与可持续发展评价，并且不能相互替代。

能值为能量流和价值流的统一度量提供了新尺度，但目前仍缺少明确的桑基鱼塘可持续发展评价框架。图3-2至图3-4，以能值的形式描述了3个桑基鱼塘系统的生产与流通过程，两大过程通过投入—成本、产出—收益相连接，分别成为系统能量流和价值流的主要承载。

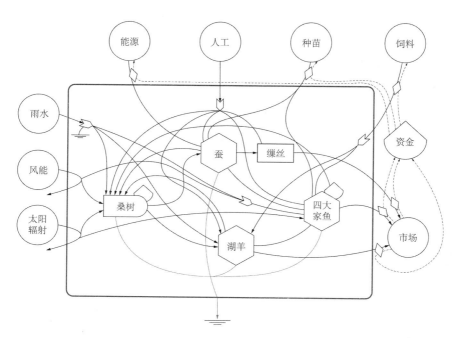

图3-2　明末清初太湖南岸桑基鱼塘的能值流动（顾兴国／绘制）

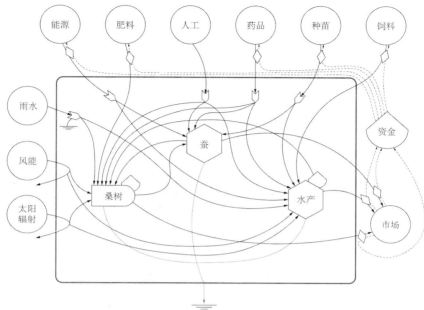

图3-3 湖州桑基鱼塘传统模式的能值流动图（顾兴国／绘制）

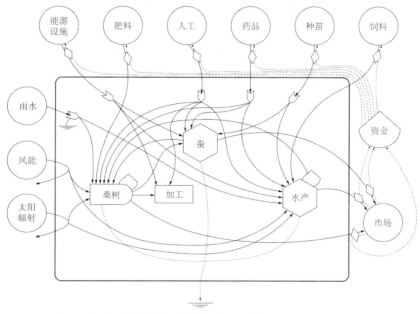

图3-4 湖州桑基鱼塘新型模式的能值流动图（顾兴国／绘制）
注：能值符号等详情参考附录。

二、评价方法

（一）评价指标体系构建

由于桑基鱼塘系统边界很难明确清晰，尤其是经济社会亚系统，从"流"的视角进一步深入总结，可以构建桑基鱼塘生态经济系统的理论模型，为桑基鱼塘生态经济评价指标体系的构建提供基础框架（图3-5）。

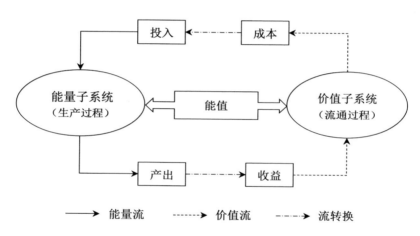

图3-5 桑基鱼塘生态经济评价的基础框架（顾兴国／绘制）

如图3-5，将桑基鱼塘系统生产过程中所有能量流集合形成能量系统，并把流通过程中的所有价值流集合形成价值系统，它们通过"流"转换连接成一体。能值系统反映生产过程中物质能量的投入、再利用与产出等，价值系统对流通过程中市场买卖、资金管理等进行综合反映。作为典型的人工生态经济系统，农户会同时依据两个子系统的"流"关系来作出下一步桑基鱼塘系统管理决策，例如投入结构、成本收益比等。桑基鱼塘系统的两个子系统既对立又统一，并不是所有能量系统的投入都来自价值系统，价值系统也并不吸纳所有的能量系统产出；但两个子系统的"流"转换要协调一致，否则可能会导致桑基鱼塘系统的人工管理失当。能值作为能量流和价值流的统一度量标准，不仅能为两个子系统关系的定量分析提供工具，也为桑基鱼塘可持续发展评价的综合计算提供支持。

评价指标体系层级结构的设计与其中代表性指标的选取是关键，必须具备充分的理论依据和现实意义。在桑基鱼塘系统的能值分析（具体参考附录）与"流"结构模型的基础上，综合考虑以下4个方面来构建生态经济评价指标体系：①桑基鱼塘生态经济系统的结构、功能与代谢过程；②生产过程的投入结构与循环再利用情况；③流通过程中成本收益关系及反馈支持能力；④评价指标能值数据的可得性。遵循科学性、系统性、针对性、可操作性等原则，并借鉴层次分析法的思维形成评价指标体系。

生产过程与流通过程是桑基鱼塘发展管理决策的重点，也是该生态经济系统运行的主要方面，故将桑基鱼塘可持续性评价分解为生产过程可持续性评价与流通过程可持续性评价两个方面。前者通过资源投入与废物循环利用情况来评价，一级指标层分为可更新资源能值、循环利用资源能值和不可更新资源能值，主要反映系统的生态可持续性；后者以产出的收益能值与投入的成本能值为一级评价指标，主要反映系统的经济可持续性。生产过程发展评价中没有考虑投入与产出之间的对比关系，是因为农户生产管理多依据市场价值关系。二级指标层综合了3种桑基鱼塘模式的能值分析表的共同项目，非共同项目列入其他能值指标项（A4、B4、C5、D3、E5）。不同指标能值的增加对桑基鱼塘可持续性的作用方向不同，其中可更新资源能值、循环利用资源能值与产出的收益能值均为正向，其他为逆向（表3-12）。

表3-12　基于能值的桑基鱼塘生态经济评价指标体系

一级目标层	二级目标层	一级指标层	二级指标层	作用方向
桑基鱼塘可持续发展评价	生产过程发展评价（能量系统）	可更新资源能值（A）	自然能源能值（A1）	正向

（续）

一级目标层	二级目标层	一级指标层	二级指标层	作用方向
桑基鱼塘可持续发展评价	生产过程发展评价（能量系统）	可更新资源能值（A）	种苗能值（A2）	正向
			人工能值（A3）	
			其他可更新资源能值（A4）	
		循环利用资源能值（B）	桑叶能值（B1）	
			蚕沙能值（B2）	
			塘泥能值（B3）	
			其他循环利用资源能值（B4）	
		不可更新资源能值（C）	化石能源能值（C1）	负向
			农药能值（C2）	
			化肥能值（C3）	
			人工合成饲料能值（C4）	
			其他不可更新资源能值（C5）	
	流通过程发展评价（价值系统）	产出的收益能值（D）	蚕桑产品收益能值（D1）	正向
			水产产品收益能值（D2）	
			其他产出收益能值（D3）	
		投入的成本能值（E）	人工成本能值（E1）	负向
			种苗成本能值（E2）	
			饲料成本能值（E3）	
			能源成本能值（E4）	
			其他投入成本能值（E5）	

（二）指标加权方法选择

为反映桑基鱼塘可持续发展状况，需要将评价指标体系中的多维指标信息进行量化与综合，其中合理确定各指标的权重十分重要。在多指标评价体系中，确定指标权重的方法可分为主观法和客观法。

主观法受赋权人对评价内容和指标体系理解与认识的不同而存在差异，虽然可能采用多人平均计算，但主观性仍较强，评价结果的科学性较差。客观法依据指标的联系程度或各指标的信息量来确定权重，客观性和科学性更强，熵值法就是其中的常用方法（具体参考附录）。

三、评价结果

桑基鱼塘生态经济评价共设置5个一级指标、21个二级指标来分别对3个评价对象的可持续发展状态特征进行综合计算。基于原始数据和熵值法计算步骤，首先可以计算出所有二级指标的权重及针对3个评价对象的指标评价值，结果见表3-13。由于3个系统的单位土地面积上自然能源能值极为相近，因此该指标（A1）的权重较小。

表3-13 二级指标权重及其指标评价值

一级指标层	二级指标层	权重	明末清初桑基鱼塘	桑基鱼塘传统模式	桑基鱼塘新型模式
可更新资源能值（A）	自然能源能值（A1）	2.99×10^{-8}	1.14×10^{7}	1.14×10^{7}	1.14×10^{7}
	种苗能值（A2）	5.61×10^{-2}	1.12×10^{12}	2.34×10^{14}	3.53×10^{13}
	人工能值（A3）	1.74×10^{-2}	1.44×10^{13}	4.69×10^{12}	3.15×10^{12}
	其他可更新资源能值（A4）	9.00×10^{-2}	3.96×10^{14}	0.00×10	0.00×10
循环利用资源能值（B）	桑叶能值（B1）	1.03×10^{-2}	4.77×10^{11}	6.01×10^{11}	1.49×10^{11}
	蚕沙能值（B2）	3.00×10^{-2}	4.18×10^{11}	5.95×10^{11}	1.18×10^{10}
	塘泥能值（B3）	5.78×10^{-3}	7.48×10^{12}	1.28×10^{13}	5.12×10^{12}
	其他循环利用资源能值（B4）	9.00×10^{-2}	1.19×10^{13}	0.00×10	0.00×10
不可更新资源能值（C）	化石能源能值（C1）	2.11×10^{-2}	4.61×10^{11}	5.13×10^{12}	3.45×10^{12}
	农药能值（C2）	3.43×10^{-2}	0.00×10	5.90×10^{11}	4.26×10^{11}
	化肥能值（C3）	3.92×10^{-2}	0.00×10	8.45×10^{11}	1.86×10^{12}
	人工合成饲料能值（C4）	3.36×10^{-2}	0.00×10	6.33×10^{13}	5.28×10^{13}
	其他不可更新资源能值（C5）	5.87×10^{-2}	0.00×10	1.92×10^{12}	2.80×10^{11}

（续）

一级指标层	二级指标层	权重	明末清初桑基鱼塘	桑基鱼塘传统模式	桑基鱼塘新型模式
产出的收益能值（D）	蚕桑产品收益能值（D1）	3.90×10^{-2}	8.61×10^{13}	7.07×10^{12}	1.41×10^{13}
	水产产品收益能值（D2）	1.42×10^{-2}	1.17×10^{13}	6.06×10^{13}	6.49×10^{13}
	其他产出收益能值（D3）	9.00×10^{-2}	2.48×10^{13}	0.00×10^{0}	0.00×10
投入的成本能值（E）	人工成本能值（E1）	2.19×10^{-2}	2.63×10^{13}	8.72×10^{12}	3.94×10^{12}
	种苗成本能值（E2）	2.08×10^{-2}	4.59×10^{12}	2.22×10^{13}	5.81×10^{13}
	饲料成本能值（E3）	1.23×10^{-2}	4.52×10^{12}	1.79×10^{13}	2.17×10^{13}
	能源成本能值（E4）	1.77×10^{-2}	6.35×10^{12}	1.01×10^{12}	2.89×10^{12}
	其他投入成本能值（E5）	9.00×10^{-3}	9.63×10^{11}	3.46×10^{12}	2.71×10^{12}

　　进行加权求和计算后，求得一级指标的评价值与综合评价值。其中，生产过程发展评价值由可更新资源能值、循环利用资源能值与不可更新资源能值的评价值求和获得，流通过程发展评价值等于产出的收益能值和投入的成本能值的评价值之和，可持续发展综合评价值再由生产过程发展评价值与流通过程发展评价值相加得出。各指标由于对桑基鱼塘可持续发展的作用方向不同，评价值中包含相应的正负符号，具体计算结果见表3-14。

表3-14　一级指标评价值与综合评价值

项目	明末清初桑基鱼塘	桑基鱼塘传统模式	桑基鱼塘新型模式
可更新资源能值（A）	4.12×10^{14}	2.39×10^{14}	3.85×10^{13}
循环利用资源能值（B）	2.03×10^{13}	1.40×10^{13}	5.28×10^{12}
不可更新资源能值（C）	-4.61×10^{11}	-7.18×10^{13}	-5.89×10^{13}
产出的收益能值（D）	1.23×10^{14}	6.77×10^{13}	7.90×10^{13}
投入的成本能值（E）	-4.28×10^{13}	-5.33×10^{13}	-3.70×10^{13}
生产过程发展评价值	4.31×10^{14}	1.81×10^{14}	-1.51×10^{13}
流通过程发展评价值	7.99×10^{13}	1.44×10^{13}	4.20×10^{13}
可持续发展综合评价值	5.11×10^{14}	1.95×10^{14}	2.69×10^{13}

最后，为显著对比3个评价对象的计算结果，对表3-14中的综合评价值进行指数化处理，得到湖州桑基鱼塘生态经济的综合评价指数，结果见表3-15。

表3-15　湖州桑基鱼塘生态经济的综合评价指数

项目	明末清初桑基鱼塘	桑基鱼塘传统模式	桑基鱼塘新型模式
生产过程的综合评价指数	43.14	18.10	−1.51
流通过程的综合评价指数	7.99	1.44	4.20
可持续发展综合评价指数	51.13	19.54	2.69

生产过程的综合评价指数方面，明末清初桑基鱼塘最大，桑基鱼塘新型模式最小且为负。明末清初时期桑基鱼塘的单位土地面积生产投入以可更新资源占绝大多数，不可更新资源极少；而到当前，桑基鱼塘生产投入大量不可更新资源，导致传统模式的不可更新资源能值指标的评价值最大，新型模式次之。总体上看，3种桑基鱼塘的循环利用资源能值与不可更新资源能值的评价值对比变化幅度小，而且数值相对偏小；可更新资源能值的评价值变化最大，是生产过程的综合评价指数的对比变化的主要影响指标。

流通过程的综合评价指数方面，明末清初桑基鱼塘最大，桑基鱼塘传统模式最小。该指数实际上反映了从桑基鱼塘系统产出收益扣除投入成本的净收入情况，该值越大，代表农户的经济收益越高，继续实施这种生产模式的积极性就越高。明末清初时期与当前的货币形式并不相同，但通过价值流转化为能值流的方式，就可以实现对两个时期桑基鱼塘系统的成本与收益情况分别进行横向比较。结果表明，明末清初时期桑基鱼塘系统单位土地面积的能值净收益最高，当前桑基鱼塘新型模式的次之，传统模式的最低，这与3个系统的农户生产积极性情况也较为一致。

可持续发展综合评价指数的对比关系能够综合反映桑基鱼塘生态经济系统可持续发展状况的变化情况，明末清初时期的综合指数远于当前，表明该传统生态农业模式可持续发展状况的巨大下滑。深入比较当前桑基鱼塘传统模式与新型模式的评价指数发现：虽然桑基鱼塘传统模式的可持续发展综合评价指数仍高于新型模式，但后者流通过程的综合评价指数已有很大好转。当前新型模式的生产过程仍在试验调试中，循环模式的进一步完善可能会极大改善桑基鱼塘可持续发展状况。

代表性遗产：浙江湖州桑基鱼塘系统

第一节 ｜ 全球重要农业文化遗产申报历程

一、中国重要农业文化遗产申报阶段

2012年，农业部正式启动"中国重要农业文化遗产"发掘认定工作。2013年初，湖州市依据中国重要农业文化遗产申报标准与流程，以"浙江湖州桑基鱼塘系统"启动申报中国重要农业文化遗产。6月，湖州市农业局成立了桑基鱼塘保护与利用工作领导小组。7月，南浔区人民政府委托浙江大学编制浙江湖州桑基鱼塘系统申报中国重要农业文化遗产的申报书和保护与发展规划；9月，湖州市人民政府常务会议讨论通过了《湖州市桑基鱼塘保护区管理办法》，并开始实施；《浙江湖州桑基鱼塘系统中国重要农业文化遗产申报书》和《浙江湖州桑基鱼塘系统保护与发展规划》编制完成，且规划通过专家评审论证，一起报送至农业部。

2014年5月，农业部公布了20个传统农业系统为第二批中国重要农业文化遗产，"浙江湖州桑基鱼塘系统"正式被列入中国重要农业文化遗产名录。6月，农业部在北京举行了第二批中国重要农业文

化遗产授牌仪式（图4-1）；同月，湖州市在荻港村核心保护区设立了醒目的"中国重要农业文化遗产——浙江湖州桑基鱼塘系统"石碑。9月，为进一步传承发展桑基鱼塘传统文化与推进生态文明先行示范区建设，湖州市与浙江大学联合举办了"桑基鱼塘传统文化与生态文明建设发展论坛"，来自广东、广西、四川、江苏等省份的近百名农业科技人员参加，推动了湖州桑基鱼塘系统的保护及宣传。12月，中央电视台"中国重要农业文化遗产"系列纪录片摄制组一行到湖州南浔取材拍摄桑基鱼塘系统。该片摄制完成后在中央电视台第七频道《农广天地》栏目中播出。

图4-1 中国重要农业文化遗产"浙江湖州桑基鱼塘系统"授牌（湖州市农业农村局／提供）

二、全球重要农业文化遗产申报阶段

2002年，联合国粮食及农业组织发起了"全球重要农业文化遗产"（GIAHS）项目，旨在建立全球重要农业文化遗产及其有关的景观、生物多样性、知识和文化保护体系，并在世界范围内得到认可与保护，使之成为可持续管理的基础。

2015年5月，南浔区人民政府再次委托浙江大学编制《浙江湖州桑基鱼塘系统GIAHS申报书》。8月，联合国粮食及农业组织全球重要农业文化遗产指导委员会主席李文华院士考察湖州桑基鱼塘系统，并提出了宝贵的指导意见。9月，第二届全球重要农业文化遗产高级培训班学员及联合国粮食及农业组织人员到湖州考察桑基鱼塘系统，桑基鱼塘生态循环农业模式及产生的生态效益和经济效益得到他们的高度赞赏和肯定。11月，联合国粮食及农业组织全球重要农业文化遗产科学委员会委员、日本综合地球环境学研究所阿部健一教授和Daniel Niles教授一行考察桑基鱼塘生态循环农业系统；同月，"浙江湖州桑基鱼塘系统"申报全球重要农业文化遗产座谈研讨会在杭州召开。12月，《浙江湖州桑基鱼塘系统GIAHS申报书》编制完成，并上报至农业部。

2016年4月，湖州市领导与相关专家参加"浙江湖州桑基鱼塘系统"申报全球重要农业文化遗产的国内陈述会。5月，与中国科学院地理科学与资源研究所李文华院士专家团队签订共建协议，开展桑基鱼塘动态保护与适宜性管理研究。11月，我国首个农业文化遗产保护与发展院士专家工作站在湖州荻港渔庄宣布成立，依托中国科学院、浙江大学和浙江省农业科学院等院士、专家的力量，联合开展湖州市重要农业文化遗产的保护与研究，推动科技成果转化，探索建立国内外领先的农业文化遗产保护与发展理论体系，并为"浙江湖州桑基鱼塘系统"申报全球重要农业文化遗产提供战略咨询。12月，"浙江湖州桑基鱼塘系统"在意大利通过首轮全球重要农业文化遗产科学咨询小组审核，被列入全球重要农业文化遗产预备名单。

2017年6月，农业部国际合作司主办"一带一路"共建国家农业文化遗产管理与保护研修班，来自4个国家的35名学员到湖州桑基鱼塘系统考察学习。7月，第四届东亚地区农业文化遗产学术研讨会在"浙江湖州桑基鱼塘系统"核心保护区荻港举办，中、日、韩三国农业文化遗产领域的专家学者，联合国粮食及农业组织官员等共

图4-2 "浙江湖州桑基鱼塘系统"全球重要农业文化遗产证书（湖州市农业农村局／提供）

同感受桑基鱼塘"天人合一""利用厚生"的生态理念。在此期间，"浙江湖州桑基鱼塘系统"接受联合国粮食及农业组织全球重要农业文化遗产科学咨询小组专家的实地考察评估，获得专家组的一致认可。11月23日，"浙江湖州桑基鱼塘系统"通过联合国粮食及农业组织全球重要农业文化遗产申报评审。2018年4月19日，"浙江湖州桑基鱼塘系统"在意大利罗马被联合国粮食及农业组织授予全球重要农业文化遗产证书（图4-2）。

第二节 ｜ 生产内涵：循环农业及特色产品

一、复合种养模式

千百年来，太湖南岸劳动人民修筑"纵浦（溇港）横塘"水利排灌工程，并将地势低下、常年积水的洼地挖深变成鱼塘，将挖出的塘泥堆放在水塘的四周作为塘基，之后逐步演变成为"塘基上种桑、桑叶喂蚕、蚕沙养鱼、鱼粪肥塘、塘泥壅桑"的桑基鱼塘生态循环模式（图4-3），这是一种具有独特创造性的洼地利用方式和传统高效生态农业模式。它在人工的调控下，形成物种互补、空间分层、时间搭配的复合生态系统，表现出结构复杂、功能多样的特点。

除此以外，湖州桑基鱼塘系统内还具有其他较为多样的生产形式：如在桑地套种或间种大豆、蔬菜等，在桑林内养鸡；在水中养鸭或在水面养殖水浮莲等水生植物，利用水生植物等养猪；在养蚕空闲期，用桑叶喂养湖羊，又用湖羊粪来肥桑，实现了农、渔、牧相结合的复合生产。

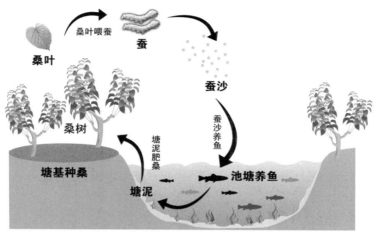

图4-3　桑基鱼塘生态循环模式（湖州市农业农村局／提供）

二、相关特色产品

湖州桑基鱼塘系统为人们提供了大量生态、安全、优质的淡水鱼类和桑蚕相关产品（图4-4）。

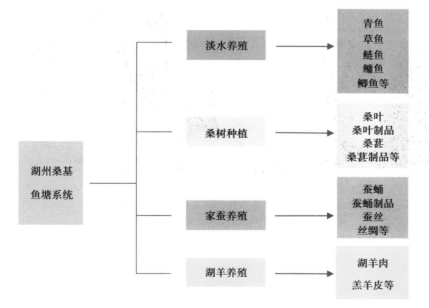

图4-4　保护区主要农业生产方式及其产品（顾兴国／绘制）

（1）水产品。系统中鱼塘生态养殖的青鱼、草鱼、鲢鱼、鳙鱼、鲫鱼等各种淡水鱼类，为人们提供了大量优质、安全的蛋白质食物。

（2）桑叶及其制品。桑树叶片可以用于制作桑叶茶，其营养成分特别丰富，含有人体所需氨基酸、蛋白质、纤维素、钙、生物碱（DNJ，1-脱氧野尻霉素）等营养成分，其中 γ 氨基丁酸和植物醇含量是绿茶的 3 ～ 4 倍，具有减肥、美容、降血脂、降血糖的作用。此外，桑叶还可以磨成桑叶粉，然后再用其作原料制作成桑叶蛋糕、桑叶酸奶、桑叶饼干、桑叶面条、桑叶糕点等食品及畜牧饲料（图4-5）。

（3）桑葚及其制品。桑树的果实桑葚含有丰富的活性蛋白、维生素、氨基酸、胡萝卜素、矿物质、白藜芦醇、花青素等营养成分。常吃桑葚可以提高人体免疫力、防止人体动脉硬化、延缓衰老等。桑葚除鲜食外，还可将其加工成桑葚汁、桑葚酒、桑葚冰激凌、桑葚雪糕、桑葚面包蛋糕、桑葚果酱等食品（图4-6）。

图4-5　湖桑茶
（湖州荻港徐缘生态旅游开发有限公司／提供）

图4-6　桑果酥（湖州荻港徐缘生态旅游开发有限公司／提供）

（4）蚕蛹及其制品。蚕蛹富含蛋白质，蛋白质占干蚕蛹质量的60%左右；此外还含有脂肪、维生素、甲壳素、多糖类、抗菌肽、溶菌酶、激素等生物活性物质以及钾、钠、钙等矿物质元素。蚕蛹经过加工处理后即可食用，如香酥蚕蛹、五香蚕蛹等，适合作为零食或下酒菜。

（5）蚕丝及其制品。蚕丝是熟蚕结茧时所分泌丝液凝固而成的细长纤维，也称天然丝，是一种天然纤维。蚕丝制品主要分为生丝和蚕丝绵两大类，生丝通过传统的缫丝工艺制成，用于制作丝巾、丝旗袍等织物；蚕丝绵则主要用作被子、棉袄等的填充物。

（6）湖羊肉及羔羊皮。桑树的新梢、余叶及蚕沙也是太湖流域重要的家畜之一湖羊的主要饲料。湖羊肉相对猪肉而言，蛋白质含量较多，脂肪含量较少，且热量比牛肉要高，故历来被当作秋冬御寒和进补的重要食品之一。湖羊羔羊皮指湖羊羔未经哺乳即行宰剥的皮，因其独特的品质和精美的外观，成为制裘的重要原料，用于制作皮筒、反穿大衣、帽子、衣里、褥子等。

第三节 ｜ 生态内涵：种质资源及生态功能

一、农业生物多样性

"浙江湖州桑基鱼塘系统"具有丰富的农业生物多样性、遗传多样性和其他生物多样性，是世界上生态循环农业的典范（表4-1）。湖州是"湖桑"原产地，桑以湖州产者为佳。湖桑有青皮、黄皮、紫皮三种。其中，紫皮又名红皮，叶形大、叶肉厚，产叶量高，养蚕效益高。家蚕品种的遗传多样性表现为卵、幼虫、茧、蛹、蛾、丝腺体的形状、形态、色泽、斑纹等方面的多样性。养殖鱼类以青鱼、草鱼、鲢鱼、鳙鱼"四大家鱼"为主，还有鲫鱼、鲤鱼、白鱼、银鱼等。

表4-1 湖州桑基鱼塘系统的农业生物多样性

类别	种类
桑树	皮桑、早青桑、白桑、大种桑、荷叶桑、荷叶白、团头荷叶白、桐乡青、湖桑197、农桑8号、农桑10号、农桑12号、农桑14号、丰田2号、大中华、盛东1号、育71-1、果桑等
家蚕	苏14×苏16、华合×东肥、杭8×杭7、浙蕾×春晓、青松×皓月、东34×603、浙农1号×苏12、薪杭×科明、蓝天×白云、华峰×雪松、春蕾×镇珠、秋丰×白玉、薪杭×白云、丰1×富日、华秋×松白、秋华×平30等

（续）

类别		种类
鱼类		青鱼、草鱼、鲢鱼、鳙鱼、鲫鱼、鲤鱼、鳜鱼、鲮鱼、鳊鱼、白鱼、黑鱼、翘嘴红鲌、加州鲈鱼、罗非鱼、黄颡鱼、胡子鲇、河鳗、黄鳝、泥鳅等
虾蟹类		青虾、河蟹、罗氏沼虾、澳洲龙虾等
龟鳖类		草龟、鳄龟、中华鳖等
谷类		水稻、小麦、玉米等
薯类		甘薯、马铃薯等
豆类		大豆、蚕豆、豌豆、绿豆、赤豆、菜豆、扁豆、毛豆、刀豆等
油料		油菜、花生、芝麻、向日葵、蓖麻等
果树		柑橘、杨梅、枇杷、葡萄、梨、桃、梅、李、杏、樱桃、柿、板栗、猕猴桃、无花果、草莓、枣、石榴、银杏等
蔬菜		萝卜、芥菜、胡萝卜、白菜、甘蓝、花椰菜、青花菜、番茄、辣椒、甜椒、黄瓜、南瓜、西葫芦、冬瓜、苦瓜、瓠瓜、佛手瓜、丝瓜、洋葱、大葱、韭菜、胡葱、大蒜、莴苣、芹菜、菠菜、蕹菜、苋菜、茼蒿、蒌蒿、芫荽、冬寒菜、落葵、紫背天葵、荠菜、菜苜蓿、薄荷、紫苏、莲藕、菱、茭白、荸荠、慈姑、水芹、蒲菜、莼菜、水芋、水蕹菜、豆瓣菜、竹笋、香椿、黄花菜、百合、芦笋、朝鲜蓟、食用大黄、马兰、蕨菜、山药、芋、姜、椿芽、金针菜、平菇、蘑菇、金针菇、香菇、地衣等
畜禽		湖羊、猪、牛、狗、兔、鸡、鸭、鹅、鸬鹚等
花卉		一串红、鸡冠花、万寿菊、矮牵牛、百日草、石竹、金盏菊、雏菊、羽衣甘蓝、三色堇、虞美人、四季秋海棠、金鱼草、紫罗兰、藿香蓟、矢车菊、菊花、芍药、鸢尾类、非洲菊、秋海棠类、天竺葵、百合、郁金香、风信子、唐菖蒲、球根鸢尾、石蒜、水仙、大花美人蕉、仙客来、马蹄莲、荷花、睡莲、菖蒲等
乔木	针叶树	马尾松、罗汉松、雪松、白松、金钱松、柳杉、刺杉（杉木）、水杉、落羽杉、圆柏、龙柏、扁柏、五针松、侧柏等
	阔叶树	龙爪槐、刺槐、榆、苦楝、樗（俗名臭椿）、乌桕、冬青、石楠、柳、杨、水杨、白杨、棕榈、女贞、黄檀、天竺、夹竹桃、山茶、山茱萸、广玉兰、紫玉兰、合欢、枫、榉、皂荚、漆树、铁树（苏铁）、鹅掌楸、白玉兰、悬铃木、枫香、紫薇、香樟、桂花、海桐、黄杨、珊瑚树等
灌木		枸杞、牡丹、蜡梅、月季花、紫荆、木槿、杜鹃、栀子、常春藤、野蔷薇
草本		菩提子（薏苡）
藤本		爬山虎（地锦）、紫藤、金银花（忍冬）
竹		刚竹、水竹、石绿竹、早竹、白哺鸡竹（古称象象牙竹）、筱竹、紫竹、四季竹、篁竹、早园竹、鸡毛竹等

二、生态系统服务功能

湖州桑基鱼塘系统的生态系统服务功能主要体现在以下几个方面。

一是对环境基本"零"污染。湖州桑基鱼塘系统中，养蚕过程中多余的蛹和蚕沙可作为鱼饲料和鱼塘的肥料，鱼塘底部肥厚的淤泥挖运到四周塘基上可作为桑树肥料，而且由于塘基有一定的坡度，塘基桑地土壤中多余的营养元素会随着雨水冲刷又流回到鱼塘。因此，生态系统中的多余营养物质和废弃物周而复始地在系统内进行循环利用，没有给系统外的生态环境造成污染，基本实现了"零"污染，为保护太湖及周边的生态环境及经济的可持续发展发挥了重要的作用。

二是蓄水调洪的巨大"蓄水库"。桑基鱼塘系统是生产、生活用水的重要来源。它通过渗透作用，可以补充地下蓄水层的水源，对维持周围地下水的水位、保证持续供水具有重要作用。同时，桑基鱼塘又是蓄水调洪的巨大"蓄水库"。每年汛期洪水到来时，桑基鱼塘系统都会对缓解洪涝灾害发挥重要作用。

三是调节区域小气候。桑基鱼塘系统大面积水面通过蒸腾作用能够产生大量水蒸气，从而提高周围地区空气湿度，减少土壤水分蒸发，增加地表水和地下水资源。因此，桑基鱼塘系统有助于调节区域小气候，优化自然环境，对减少干旱等自然灾害十分有利。

此外，桑基鱼塘系统还可以通过水生植物化学及生物作用，吸收、固定、转化土壤和水中营养物质含量，降解有毒和污染物质，净化水体，减少环境污染。因此，"浙江湖州桑基鱼塘系统"的保护与发展，对水土保持、水源涵养、气候调节、降解有毒和污染物质、净化水体、消减环境污染等都有相当重要的作用。

第四节｜技术内涵：基塘立体复合种养技术

一、桑树繁育与种植管理技术

早在南宋时期，湖州农民就已普遍掌握更换品种和桑苗繁殖的"抱娘法"嫁接技术；而后，又发明了绿枝扦插、硬枝扦插、袋接法等桑苗繁殖新技术。

至明朝时期，当地农民已经积累了移栽桑树的整套成熟经验。《沈氏农书》记述：种桑以"荷叶桑""黄头桑""木竹青"为上，取其枝干坚实，不易朽，眼眼发头有斤两；其"五头桑""大叶密眼"次之，"细叶密眼"为最下。又有一种"火桑"，较别种早五六日，可养早蚕。凡过二月清明，其年叶必发迟。候桑下蚕，蚕恐后期；屋前后种百余株备用可也。种法以稀为贵，纵横各七尺，每亩约二百株，株株茂盛，叶便满百，不须多也。内地年前、春初皆可种，外地患盗者，清明前种。年前种桑秧以大为贵，清明边种桑秧以细为贵。以大桑到清明头眼已发，根眼已盲；细桑则根眼尚绽故也。根不必多，刷尽毛根，止留线根数条。四方排稳，渐渐下泥筑实。清水粪时时浇灌，引出新根。黄梅尤宜浇灌。浇法不宜着干，当离尺许，绕围周匝，使新根向肥远去。发叶之后，不时要看。若见损叶，必有地虫，亟搜杀之。如遇大雨，一止必逐株踏看。如被泥水淹眼，速速挑开，否即死矣。雨一番，看一番，不可忽也（图4-7）。

近代以来，湖州地区在乌皮桑、早青桑、白条桑、大种桑、荷叶桑等地方品种基础上，通过人工选育与有性杂交技术，育成了尖头荷叶白、团头荷叶白、桐乡青、湖桑197、农桑系列等桑树良种，提高了桑树产叶量和叶片中糖分和蛋白质的含量。

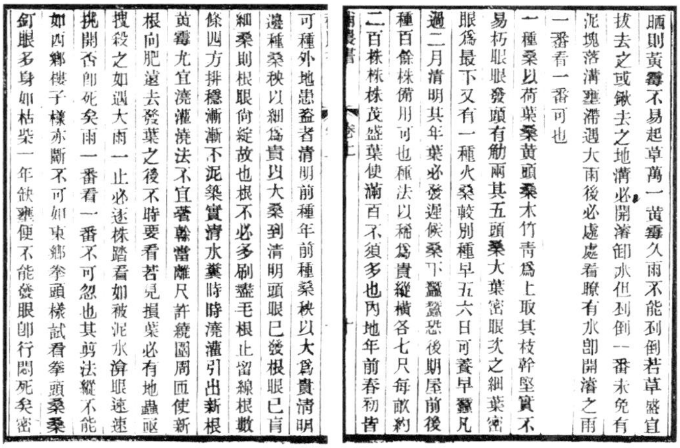

晒則黄霉不易起草萬一黄霉久雨不能刭倒若草盛宜拔去之或鍬去之地溝必開濬卸水但刭倒一番未免有泥塊落溝壅滯遇大雨後必處處看瞭有水即開濬之雨一番看一番可也

一種桑以荷葉桑黄頭桑木竹青爲上取其枝幹堅實不易朽眼眼發頭有觔兩其五頭桑大葉密眼次之細葉密眼爲最下又有一種火桑較别種早五六日可養早蠶凡過二月清明其年葉必發遲候桑下蠶蠶恐後期屋前後種百餘株備用可也種法以稀爲貴縱横各七尺每畝約二百株株株茂盛葉使滿百不須多也內地年前春初皆可種外地患蚤者清明前種年前種桑秋以大爲貴清明邊種桑秋以細爲貴以大桑到清明頭眼已發根眼已肓細桑則根眼尚綻故也根不必多刷盡毛根止留線根數條四方排穩漸漸下泥築實清水糞時時澆灌引出新根黄霉尤宜澆灌澆法不宜著榦當離尺許繞圈周匝使新根向肥遠去發葉之後不時要看若見損葉必有地蠶區搜殺之如遇大雨一止必逐株踏看如被泥水渰眼速速挑開否即死矣雨一番看一番不可忽也其剪法縱不能如西鄉槵子樣亦斷不可如東鄉拳頭樣試看拳頭桑桑釘眼多身如枯柴一年缺壅使不能發眼即行悶死矣密

補農書 卷上

图4-7 《沈氏农书》关于“种桑”的记载

二、家蚕育种与饲养加工技术

元代农书《农桑辑要》详细记载了蚕种选育技术：“今后茧种开簇时，须择近上向阳，或在苫草上者，此乃强梁好茧。”“第一日出者名‘苗蛾’，不可用。……末后出者，名‘末蛾’，亦不可用。铺连于槌箔上，雌雄相配，……至未时后，款摘去雄蛾，放在“苗蛾”一处，将母娥于连上匀布。稀稠得所。所生子如环成堆者，其蛾与子皆不用。”近代，科技工作者应用杂交育种技术培育优良蚕种，为蚕茧取得较好产量提供技术保障。

家蚕是完全变态昆虫，一生要经过卵（蚕种）、幼虫（蚕）、蛹和成虫（蛾）四个发育阶段，蚕从孵化出壳到上山结茧一般要经过27天左右（分为4眠5龄）。在千百年的饲养过程中，人们熟练掌握了蚕的生活习性，养蚕技术不断提高。《沈氏农书》中详细记述了家蚕饲养方法：养蚕之法，以清凉干燥为主，以潮湿郁蒸为忌；以西北风为贵，以南风为忌。蚕房固宜邃密，尤宜疏爽。晴天北风，切宜开辟窗牖，以通风日，以舒郁气。下用地板者最佳，否则用芦席垫铺，使湿不上行。四壁用草簚围衬收潮湿。大寒则重帏障之，别用火缸取火气以解寒冷，此易易耳。唯暴热则外逼内蒸，暑热无所归，则蚕身受之，或体换不时、喂饲略后、久堆乱积、远掷高抛，致病之源皆在乎此。古云：“风以散之。”则蚕室固要避风，尤不可不通风也。俗忌生人者，或带酒男子，或经行妇人，浊气冲之，立能致变，岂神为祟乎！若能调其寒热，时其饲哺，一一如法，自足丰收（图4-8）。

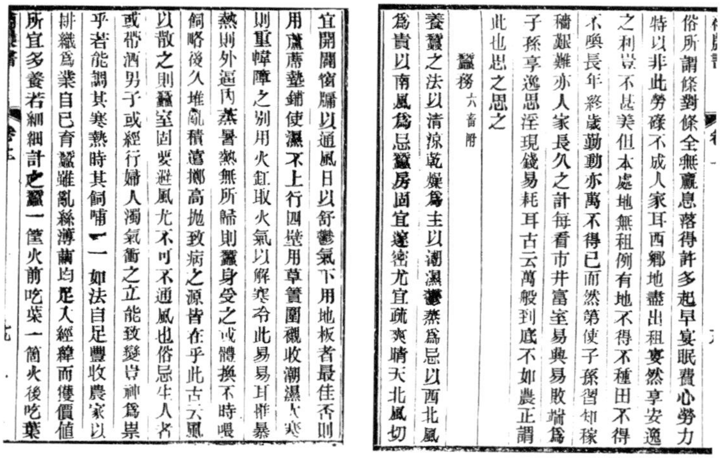
俗所謂條對條全無贏息落得許多起早宴眠費心勞力特以非此勞碌不成人家耳西鄉地盡出租宴然享安逸之利豈不甚美但本處地無租例有地不得不種田不得不與長年終歲勤勤亦萬不得已而然第使子孫習知稼穡艱難亦人家長久之計每看市井富室易興易敗端為子孫享逸思淫現錢易耗耳古云萬般到底不如農正謂此也思之思之

蠶務 六畜附

養蠶之法以清涼乾燥為主以潮濕鬱蒸為忌以西北風為貴以南風為忌蠶房固宜邃密尤宜疏爽晴天北風切宜開關窗牖以通風日以舒鬱氣下用地板者最佳否則用蘆蓆墊鋪使濕不上行四壁用草簟圍襯收潮濕大寒則重幃障之別用火缸取火氣以解寒冷此易易耳惟暴熱則外逼內蒸暑熱無所歸則蠶身受之或體換不時喂飼略後久堆亂積遠擲高拋致病之源皆在乎此古云風以散之則蠶室固要避風尤不可不通風也俗忌生人者或帶酒男子或經行婦人濁氣衝之立能致變豈神為祟乎若能調其寒熱時其飼哺一一如法自足豐收農家以排織為業自己育蠶雖亂絲薄繭均足入經緯而價值所宜多養若細細計之蠶一筐火前吃葉一筒火後吃葉

图4-8 《沈氏农书》关于“蚕务”的记载

将蚕茧抽出蚕丝的工艺概称缫丝。传统的缫丝方法，是将蚕茧浸在热汤盆中，用手抽丝，卷绕于丝筐上。解出的丝线被拉直并放到干燥的地方晾干。丝线晾干后，需要进行适当处理，以去除丝线中的蛋白层。最后使用梳理工具，对纤维进行梳理，使其排列整齐，并去除杂质。

三、鱼类繁育与养殖管理技术

“浙江湖州桑基鱼塘系统”养殖鱼类以“四大家鱼（青鱼、草鱼、鲢鱼和鳙鱼）”为主，配合鲤鱼、鲫鱼等。鱼苗好坏是系统鱼塘养鱼能否取得好收成的关键。早在吴越时期，太湖周边的老百姓就发明了用豆浆喂鱼苗，以促进鱼苗生长的培育鱼苗的方法，并一直沿用至今。中华人民共和国成立以后，四大家鱼繁殖技术逐步取得突破性进展，人工繁育鳙鱼、鲢鱼、草鱼和青鱼先后获得成功，结束了自古依赖长江天然鱼苗的历史。

鱼塘中四大家鱼的主要搭配符合立体生态养殖的理念。其中鲢鱼（俗称白鲢）在水域的上层活动，主要以浮游植物为食；鳙鱼（俗称胖头鱼、花鲢）栖息在水域的中上层，主要以浮游动物为食；草鱼生活在水域的中下层，以水草为食物；青鱼栖息在水域的底层，吃螺蛳、蚬和蚌等软体动物（图4-9）。根据四大家鱼的生活习性，当地先民在明末清初时期的鱼塘立体生态养殖技术已经相当完善。

图4-9 鱼塘中各种鱼类的分层分布
（何梓群／绘制）

除此以外，鱼塘中各种鱼类还形成了内部物质循环，表现出互利共生关系。青鱼以吃螺蛳、蚬、蚌肉及饼粕等高蛋白食饵为主，其排泄物是培育鱼塘中浮生植物的良好肥料，吃剩的残饵还可供鲤鱼、鲫鱼为食；草鱼可以控制鱼塘表面水生植物生长，确保鱼塘光照充足，以促进浮游藻类等浮游植物繁衍。浮游植物吸收鱼塘水域中从桑基流失到鱼塘的氮、磷、钾等营养元素和二氧化碳，利用光能进行光合作用而得以大量繁殖；浮游动物主要以浮游植物和有机碎屑为食，浮游植物的大量繁殖促进了浮游动物的生长。浮游动植物的生长为鲢鱼、鳙鱼等提供了大量食饵。

第五节 | 景观内涵：空间格局及复合景观

一、"村—河—塘—桑"的景观格局

湖州桑基鱼塘系统的"村—河—塘—桑"复合景观作为一种具有湖州地域特色的乡土景观，它的景观特征或景观格局是未经设计过的，是经过人类与自然相互作用而形成的。在这一格局中，依托河、港、溇等水利工程，劳动人民逐步集聚形成村落，并在周边发展以桑基鱼塘为代表的农业生产，进而又形成了包含"塘"与"桑"的农业景观。无论是与桑基鱼塘相关的运河水利景观、基塘农业景观，还是传统聚落景观及周边生态景观，它们都是统一不可分割的。它们相互影响、相互促进，共同作用于湖州这片土地，形成了独特的生态与人文复合景观（图4-10）。

图4-10 "浙江湖州桑基鱼塘系统"景观格局（顾兴国／摄）

二、多种基塘系统农业景观

2003年，以菱湖镇为中心的湖州桑基鱼塘景观被评为国家旅游

资源最高等级——五级标准。该区域内，桑地与鱼塘相连相倚、相辅相成，从远处眺望或者从高空俯视时，跃入人们眼帘的仿佛是一幅蓝绿相间的巨大棋盘，展现出江南水乡独特的古朴、自然、富有野趣的田园风光韵味，美不胜收，具有较高的观赏价值。走近桑基鱼塘，绿油油的桑树环抱着一汪汪清水，步移景换，春华而秋实。基面上桑树高低错落，桑叶随风飘逸、婀娜多姿；池塘中多种鱼类形态各异，三五成群游弋戏水，不时跃出水面，引发阵阵涟漪，令人目不暇接、心旷神怡（图4-11）。

图4-11　桑基鱼塘农业景观（顾兴国／摄）

桑基鱼塘在传统模式的基础上，还衍生出油基鱼塘、果基鱼塘等现代模式，使得基塘景观更加多样化。油基鱼塘的塘基上冬种油菜、夏种芝麻，油菜籽、芝麻榨油后的籽饼可以作为鱼饲料，鱼的粪便则可肥沃鱼塘周边的土地，为油菜等作物的生长提供养分。在油菜花开季节，黄澄澄的油菜花连绵成片，散发出阵阵花香；鱼塘周围被金黄色的油菜花海所包围，形成了一幅如诗如画的风景。星罗棋布的鱼塘与盛开的油菜花相得益彰。果基鱼塘的塘基上种着果树（桃、梨、枇杷、冬枣等水果），果树落叶和果实残渣等可以作为鱼塘的有机肥料，促进水生生物的生长；而鱼塘中的鱼粪等有机物质又可以为基堤上的果树生长提供养分，促进果树的生长。这些果树不仅美化了环境，还为鸟类和其他野生动物提供了丰富的食物来源和栖息空间。

三、古村、运河等人文景观

"浙江湖州桑基鱼塘系统"中镶嵌着诸多有千年历史的水乡古村落。其中，位于核心保护区内的荻港村历史悠久，从宋代建村到现在，已有千年的历史，出过两名状元，二十七名进士，两百多位太学生、贡生和举人。清朝康熙太学生荻港章氏六世祖霞梣公作诗《示里闸父老》："莽莽芦荻洲，纵横水乱流。经营几岁月？沟画好田畴。渔网缘溪密，人烟近市稠。从来生聚后，风俗最殷忧。"讲述了苕溪岸侧荻港镇的地形图和开发史。村内文物古迹众多，青堂瓦舍临河而建，小桥流水，街面廊屋，商贾云集，店号林立，构成了浓郁的江南水镇画卷；现存有御碑亭、总管堂、演教寺、外巷埭、里巷埭、章家三瑞堂、朱家鸿志堂、礼耕堂等50处明清建筑、古民居，还有秀水桥、佘庆桥、隆兴桥、庙前桥等23座明清古桥。2012年，荻港村被住房和城乡建设部、文化部、财政部三部门列入中国传统村落名录，2014年被农业部授予"中国最美休闲乡村"称号，2015年先被浙江省文化厅列入"浙江省物质文化遗产旅游景区"，后被住房和城乡建设部、国家旅游局授予"全国特色景观旅游名村"。

在荻港村与千亩传统桑基鱼塘之间，京杭大运河的重要组成部分——頔塘穿流而过。该段运河始建于西晋太康年间，距今已有1700多年的历史，目的是疏通水运路线，灌溉周边农田。目前，頔塘河上古桥众多、两岸古街古宅仍保持着一派江南水乡风貌，登船游览还能将沿河有名的景点一一串联起来，别样的视角犹如看到一幅画卷徐徐展开（图4-12）。

图4-12　頔塘及沿线古街（湖州市农业农村局／提供）

第六节 ｜ 文化内涵：传统鱼文化和蚕桑文化

一、鱼文化

湖州作为中国淡水养殖的重要发源地，承载着深厚的范蠡养鱼文化，亦是《陶朱公养鱼经》的主要起源地。在这片土地上，浙江湖州的桑基鱼塘系统孕育了丰富多彩的鱼文化。每年，湖州都会举办规模宏大的鱼文化节，通过祭祀鱼神、表演鱼灯舞、聆听渔家乐曲、品尝鱼汤饭等一系列活动，生动展现湖州悠久且深厚的鱼文化底蕴（图4-13）。特别是在春节前后，家家户户都会进行拉网捕鱼的传统活动。为了庆祝一年的渔业丰收，人们还会欢聚一堂，共享一顿以鱼为主角的"鱼宴"，这便是俗称的"鱼汤饭"。吃鱼汤饭以庆丰收，是湖州所有水乡渔民共有的饮食习俗，象征着对丰收的喜悦与感恩。而在湖州，无论是节庆还是宴请，最后一道菜必定是全鱼，寓意"年年有余（鱼）"，寄托了人们对未来生活的美好祝愿与期盼。

图4-13 湖州·南浔鱼文化节（湖州荻港徐缘生态旅游开发有限公司／提供）

除此以外，渔民们还会用盛放鱼食的木制器具、装螺蛳的小木桶和渔叉作高音部乐器，用挑水的大水桶和汲水的小木桶作中音部乐器，用小木船和菱桶作低音部乐器，组合成一个乐队，来表演打击乐《渔家乐》。《渔家乐》表现了春天鱼苗下种、中间喂食养殖、年终捕鱼丰收等江南水乡渔民生产和丰收的全过程，表达了农民劳作的艰辛和丰收的喜悦。村民们通过演奏《渔家乐》，祈祷来年风调雨顺、渔业丰收（图4-14）。

　　　图4-14 渔家乐表演（湖州荻港徐缘生态旅游开发有限公司／提供）

二、蚕桑文化

湖州蚕农们在长期生产生活实践中，形成了一系列既带有科学性又带有祈求性的蚕桑文化，尤其是相关民俗活动，例如养蚕过程中的祀蚕花、请蚕花、点蚕花火、焐蚕花、关蚕花、祛蚕祟、烧田蚕、望蚕讯、谢蚕花、吃蚕花饭等蚕事习俗；每年清明节，蚕农们还会举行一年一度的蚕花庙会，祭拜蚕神，祈求当年的蚕茧有个好收成（图4-15）。其中，与"浙江湖州桑基鱼塘系统"紧密相关的蚕桑习俗"扫蚕花地""含山轧蚕花"，于2008年经国务院批准被列入第二批国家级非物质文化遗产名录；2009年又一同作为"中国蚕桑丝织技艺"的重要组成部分，入选联合国教科文组织"人类非物质文化遗产名录"。

图4-15　蚕花庙会（湖州市农业农村局／提供）

"扫蚕花地"主要包括歌舞表演和一系列与养蚕生产相关的动作模拟。表演时，通常由一化装女子边唱边舞，唱词内容多是对蚕茧丰收的祝愿和对蚕桑生产全过程的叙述。与此相配合，表演者会做出扫地、糊窗、掸蚕蚁、采桑叶、喂蚕、捉蚕换匾、上山、采茧等一系列与养蚕生产有关的动作。这些动作不仅生动再现了养蚕劳动的场景，也寄托了蚕农对丰收的期盼和对美好生活的向往。"含山轧蚕花"源于对蚕神的信仰，通过一系列敬神仪式，祈求蚕神保佑养蚕取得好收成。其活动内容丰富多彩，具体包括烧头香、背蚕种包、请蚕花拜蚕神、画蚕花符、石击仙人潭、轧蚕花、拜香会、水上表演、迎五圣会等。

除此之外，"浙江湖州桑基鱼塘系统"还拥有丰富的丝绸文化，尤其是以双林绫绢为代表，它以轻薄如雾、柔软似云的独特质感，赢得了"凤羽"之美誉。每一匹双林凌绢都是匠人智慧与技艺的结晶，要经过浸泡、翻丝、整经、络丝、并丝、放纤、织造、炼染等多道工序精心制作而成。其图案设计精美绝伦、色彩搭配和谐雅致，既展现了中国传统文化的深厚底蕴，又彰显了丝绸艺术的独特魅力。

第五章

关联性遗产：溇港、圩田与蚕桑交相辉映

第一节 | 世界灌溉工程遗产：浙江湖州太湖溇港

　　溇港是农耕文明时代水利水运工程技术水平的代表之一，发端最早、持续最久且唯一完整留存至今的溇港系统就在太湖南岸。南宽北窄如喇叭状通向太湖的河道称为"溇"或"港"，顺直于环湖大堤方向且位于大钱港以东的河流叫"溇"，分布于大钱港及其以西的河流叫"港"。2016年，在泰国清迈召开的国际灌溉排水委员会（ICID）第67届执行理事会上，"浙江湖州太湖溇港"被列入第三批世界灌溉工程遗产名录（图5-1）。

图5-1 "浙江湖州太湖溇港"世界灌溉工程遗产证书（湖州市农业农村局／提供）

浙江湖州太湖溇港位于湖州市吴兴区和长兴县，东、北至太湖南岸，南以頔（荻）塘为界，东起江、浙两省交界的胡溇，北至长兴斯圻港，西至杭宁高铁线，总面积约440平方公里，灌溉面积2.8万公顷、排水面积4.4万公顷。它主要由三部分组成，即太湖堤防工程、溇港塘漾体系、圩田沟洫体系（图5-2）。

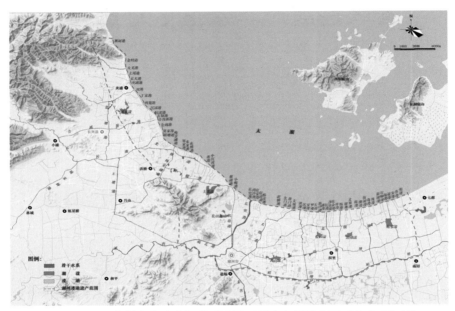

图5-2 "浙江湖州太湖溇港"世界灌溉工程遗产保护范围（黄瑞／绘制）

1.太湖堤防工程

太湖堤防工程是在环太湖周边修筑的用来阻挡太湖水的堤坝。溇港圩田的发展首先取决于湖堤的修筑，通过湖堤将太湖水隔开，堤内则进行圩田开发。湖堤的发展始于沿湖堤岸的修筑，古时"塘"在太湖低洼地区既是堤岸也是河港。春秋战国时期越相范蠡在太湖西南岸筑蠡塘，随后西汉皋伯通筑皋塘"以障太湖之水"，吴国孙休筑青塘"以卫沿堤之良田"，晋筑荻塘并经历朝多次翻修，至唐代"上可驰马"，堤塘的修筑促进了南部湖溇圩田的发展。历代修筑的沿湖堤防其高度一般都与沿岸的高地不相上下，晚清至民国期间基本上也没有修筑，至中华人民共和国成立时，除局部地方留存零星石块外，其他地方多已坍塌殆尽。长兴县小沉渎村还遗存一段明代万历年间的太湖古堤，由宽35厘米、高28厘米、长120厘米的青皮条石砌成，长600米、宽1.2米、高2.8米，是沿太湖地区保存最好的古石堤。

现今湖州市境内的太湖环湖大堤（浙江段）全长65.12公里，以长兜港为界分东、西两段，其中东段长26.53公里，西段长38.59公里。1991年，太湖流域发生特大水灾，湖州地区遭受东西苕溪洪水侵袭，太湖水倒灌。当时湖州沿岸有岸无堤，有的大堤建设标准低被水淹没，于是灾后政府提出高标准建设环湖大堤的办法。太湖环湖大堤（浙江段）于1991年12月开工，至2004年12月全部完工，前后历经十三载，主要新建长兴父子岭至湖州织里胡溇的环太湖大堤和沿湖口门桥、涵、闸等配套建筑物及长兴平原防洪补偿工程，环湖大堤工程的建成结束了南太湖"有岸无堤"的历史。

2.溇港塘漾体系（图5-3）

横塘的开凿连接了各入湖溇港，有利于分散泄洪、灌溉，深挖的土则用来修岸筑堤，横塘的修筑配合着纵溇的开挖，不断满足着农田灌溉、航运的需要。湖州滨湖地带多数横塘被阻断，完整性遭到破坏，现基本完好的横塘有3条，分别为顿（荻）塘、北横塘和南横塘。

经20世纪80年代核实，湖州全境共有溇港74条，平均相隔800多米，其中吴兴区境内有39条，长兴县境内有35条。经过历年来的整治，吴兴区境内溇港至今保存完好，吴兴区境内现有31条溇港，其中21条直接通太湖；长兴县境内现有35条，其中18条直接通太湖。其中的骨干河道有大钱港、小梅港、长兜港（原名张婆港、杭湖锡航道）、罗溇港（南接义家漾港）、幻溇港（幻晟航道）、汤溇港、濮溇港等，主要担负着排水任务。湖州至今还传唱着蕴含溇港

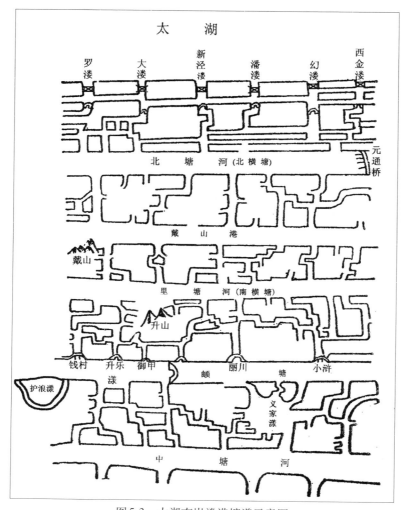

图5-3　太湖南岸溇港塘漾示意图

图片来源：陆鼎言、王旭强，《湖州入湖溇港和塘浦（溇港）圩田系统的研究》，《湖州入湖溇港和塘浦（溇港）圩田系统的研究成果资料汇编》，2005年。

名称的古老歌谣"大白诸沈安，罗大新泾潘，潘幻金金许杨谢，义陈濮伍蒋钱新，石汤晟宋乔胡戴，薛埠丁丁一点吴"，其中说的就是湖州吴兴大钱港至今江苏省吴江七都镇吴溇之间的36溇港。

漾，本意指水动荡，水面上起波纹。湖州地区大多指小的湖泊湿地。漾的水域面积几十亩至上千亩大小不一，水深一般在 1 ～ 3

米，属于浅水湖泊，是横塘纵溇间面积较大的水域，它们是太湖南岸重要的水柜与生态湿地。近年来，由于人工围垦、填埋和城乡建成区扩张等原因，湖州的漾，特别是大量的小漾正在不断萎缩、消失。由溇港横塘包围的湖漾共计 16 个，主要以盛家漾、大荡漾、松溪漾、清墩漾、陆家漾、长田漾、西山漾为比较大的漾，其中大荡漾和长田漾的山水格局最为完整。大荡漾已进行景观整治和提升，以保护原有生态肌理和格局为主，形成一定规模的湿地公园向公众开放，而其余湖漾目前还依然保持着原生状态。

3.圩田沟洫体系

圩田是横塘纵溇棋盘式水网交错间形成的围垦农田。由于在洼地、湖滩、滨水低丘坡地上修筑的各类圩田所处位置高低不同，略有起伏。人们用四周高的地方种菜，在中间地势较低的地方种植水稻，再低处则作为养鱼的鱼塘。

由于有些圩区规模小、堤岸单薄、易决堤，20世纪60年代以后政府多次联圩并圩，扩大圩区规模，缩短防洪堤线，发展电力排灌，洪涝情况有所改善；至80年代，通过对杭嘉湖圩区进行整治建设，将圩堤的防洪标准提高至 20 年一遇，排涝标准提高至 10 年一遇。联圩并圩后，圩区规模又有些偏大，产生了些问题，诸如跨行政区域、与个体承包不适应、社会关系复杂、管理难度大等，不得不适度调整。

现在圩田的规模一般在几十亩至千亩左右不等，经过1950—1990 年大规模的联圩并圩和20世纪以来的中小圩区和现代化圩区建设，总面积超过 1 万亩的中格局圩区数量减少至75个，仅占圩区总数的 4.48%；而千亩以下的圩区总数增加至1181个，约占70.46%。湖州境内比较大的圩田有义皋圩田、大溇圩田、东桥圩田、许溇圩田等，灌溉面积达 42 万亩，灌溉与排水的渠系有斗渠、毛渠、沟等，田间还有控制水流进出的抽水泵站、斗门、涵等。

除了工程遗产外，浙江湖州太湖溇港还有很多文化遗存，包括溇港上的古桥，各溇港口门附近保留的水神寺庙，与水事活动相关的祭祀活动、碑刻与文献记载等，它们见证了溇港的历史，与灌溉工程遗产共同构成了灌区特有的文化景观。

第二节 | 人类非物质文化遗产：中国蚕桑丝织技艺

一、中国蚕桑丝织技艺简介

蚕桑丝织是中国的伟大发明，是中华民族认同的文化标识之一。在距今五六千年前的新石器时代中期，先民便开始采桑养蚕、取丝织绸。蚕桑是中国传统农业文化的重要组成部分，中国最早典籍《尚书·禹贡》篇就有"桑土既蚕"的记载，春秋时期著作《管子·山权数》中也有"民之通于蚕桑"的说法，汉代乐府《陌上桑》中描写民间蚕桑习俗的诗句"罗敷善蚕桑，采桑城南隅"更是脍炙人口。蚕桑丝织技艺在五千年的历史长河里创造了灿烂的物质和非物质文化遗产，形成了独特的中国蚕桑丝织文化，并通过丝绸之路对人类文明发展产生了深远影响。

2009年，在联合国教科文组织保护非物质文化遗产政府间委员会第四次会议上，由浙江省（杭州市、嘉兴市、湖州市、中国丝绸博物馆）、江苏省（苏州市）、四川省联合申报的"中国蚕桑丝织技艺"被列入人类非物质文化遗产名录。

该遗产项目涵盖了浙江省杭州市、嘉兴市、湖州市，江苏省苏州市和四川省成都市3省5市的蚕桑生产主产区和蚕桑丝织文化保护地，内容包括杭罗、绫绢、丝绵、蜀锦、宋锦等织造技艺，栽桑、养蚕、缫丝、染色和丝织等整个生产过程中所用到的各种巧妙精到的工具和织机，以及由此生产出来的绚丽多彩的绫绢、纱罗、织锦和缂丝等丝绸产品，同时也包括这一过程中衍生出来的轧蚕花、扫蚕花地等丝绸生产习俗。以浙江的桑蚕丝织技艺为例，它涉及余杭清水丝绵制作技艺、杭罗织造技艺、双林绫绢织造技艺、含山轧蚕花、扫蚕花地习俗等（表5-1）。

表5-1 相关国家级非物质文化遗产代表性项目清单

序号	名称	类别	公布时间	申报地区或单位	项目保护单位
1	宋锦织造技艺	传统技艺	2006 第一批	江苏省苏州市	苏州丝绸博物馆
2	苏州缂丝织造技艺	传统技艺	2006 第一批	江苏省苏州市	苏州王金山大师缂丝工作室有限公司
3	蜀锦织造技艺	传统技艺	2006 第一批	四川省成都市	成都蜀锦织绣有限责任公司
4	蚕丝织造技艺（余杭清水丝绵制作技艺）	传统技艺	2008 第二批	浙江省杭州市余杭区	杭州余杭塘北股份经济合作社
5	蚕丝织造技艺（杭罗织造技艺）	传统技艺	2008 第二批	浙江省杭州市福兴丝绸厂	杭州福兴丝绸有限公司
6	蚕丝织造技艺（双林绫绢织造技艺）	传统技艺	2008 第二批	浙江省湖州市	湖州云鹤双林绫绢有限公司
7	蚕丝织造技艺（杭州织锦技艺）	传统技艺	2011 第三批	浙江省杭州市	杭州福兴丝绸有限公司
8	蚕丝织造技艺（辑里湖丝手工制作技艺）	传统技艺	2011 第三批	浙江省湖州市南浔区	湖州市南浔区文化馆
9	蚕丝织造技艺（潞绸织造技艺）	传统技艺	2014 第四批	山西省高平市	山西吉利尔潞绸集团织造股份有限公司
10	新疆维吾尔族艾德莱斯绸织染技艺	传统技艺	2008 第二批	新疆维吾尔自治区洛浦县	洛浦县文化馆
11	蚕桑习俗（扫蚕花地）	民俗	2008 第二批	浙江省德清县	德清县文化馆
12	蚕桑习俗（含山轧蚕花）	民俗	2008 第二批	浙江省桐乡市	桐乡市文化馆（桐乡市金仲华纪念馆 桐乡市非物质文化遗产保护中心）

纵观蚕桑丝织文化千年演进，不仅解决了国民最基本的生活需求，更以丰饶的经济产能养育生民，为社会治理制度的建构夯实了物质性基础；蚕桑业作为中国发展史上的功勋产业，其发展以及由

此产生的丝绸之路在历史上对促进中国的经济社会发展和与世界的商贸往来起到了非常重要的作用。

蚕桑丝织是凝结历史、科技、艺术、文学、美学、民俗等标志性文化的综合形式，其孕育的丝绸之路是亚欧商贸与文化交流的交通大动脉，东西方文明与文化融合、交流的对话之路对人类文明产生了深远影响。中国古代的丝绸，就是沿着张骞通西域的道路，从昆仑山脉的北麓或天山南麓往西穿越葱岭（帕米尔），经中亚细亚，再运到波斯、古罗马等国。后来，蚕种和养蚕方法也是先从内陆传到新疆，再由新疆经丝绸之路传到阿拉伯、非洲和欧洲。丝绸之路传播了中华文明，促进了东西方经济文化交流。

二、嘉湖地区的"中国蚕桑丝织技艺"

（一）蚕丝织造技艺（双林绫绢织造技艺）

双林绫绢织造技艺是浙江省湖州市双林镇的传统手工技艺，主要包括浸泡、翻丝、整经、络丝、并丝、放纡、织造、炼染、批床、砑光、检验、整理等20余道工序，被誉为"东方丝织工艺之花"。2007年，双林绫绢织造技艺被浙江省人民政府列入非物质文化遗产保护名录。2008年，蚕丝织造技艺（双林绫绢织造技艺）经中华人民共和国国务院批准被列入第二批国家级非物质文化遗产名录。2009年，中国蚕桑丝织技艺入选"人类非物质文化遗产名录"，双林绫绢织造技艺是包含在其中的代表性项目。

三国时，双林一带地属东吴，绫绢有"吴绫蜀锦"之称。东晋太元年间，吴兴太守王献之在任时以白练书写，有"王献之书羊欣白练裙，练即绢也"的记载，即指绫绢。从唐代起，双林绫绢已被列为贡品，并远销日本等地。南宋时，双林绫绢就远销安南（越南）、扶南（柬埔寨）、天竺（印度）、锡兰（斯里兰卡）等十多个东南亚国家。明清时期，双林绫绢更是风靡于世，出现了"俗皆织绢""机声晓夜不休""各客商云集，贩往他方者不绝"的盛况。绫绢面料的服装制造十分兴旺，达官显贵甚至西洋贵族均以着湖州绫绢之服为荣。明代双林镇的绫绢织造技艺更为发达，织品巧变百出，名目繁多，有花有素，轻重兼备，尤以东庄倪姓所织双龙缎为最佳，其缎上有双龙，龙睛突出，闪烁发光，一时被称为极品，专用于朝廷奏本。清代，双林绫绢生产遍及境内各乡村，产品行销各省，其中倪绫送达京师。民国八年至十年，镇上半耕半织的有一千多户，从业者有五六千人，年产绫绢240多万米。民国初年，湖州绫绢生产进入鼎盛时期，双林镇成为名副其实的"绫绢之镇"。抗战时期，双林绫绢产业衰落，直至中华人民共和国成立之后，双林绫绢才开始逐步恢复生产。随着织造、染整、上矾等基础生产环节的技艺改良，湖州绫绢种类不断丰富，绫有重花绫、交织锦绫、金波绫等；绢有彩绢、矾绢、工艺绝缘绢、耿绢等。1958年，双林绫绢厂成立，至1979年绫绢年产量达到106万余米，首次突破百万米大关。此后，绫、绢、锦、装裱绸及绢制宫灯、风筝、锦盒等30多种产品行销全国，并出口欧美、东南亚及中国港澳台地区。近年来，湖州丝织工艺逐渐趋于萎缩，双林绫绢织造技艺的继承亦因此而受到影响。

双林绫绢为纯桑蚕丝织物，是绫与绢的合称。绫为斜纹或斜纹变化组织的提花织物，绢为平纹素织物，即"花者为绫，素者为绢"。其特点是轻如朝雾、薄似蝉翼、色泽光亮、手感柔和、花型雅致、古意盎然，素有"凤羽"之美称（图5-4）。绫可用于裱装书画，绢可代纸写字作画，有生熟、粗细、夏冬之分。双林绫绢作为中华丝织工艺之精品，在其发展的历史长河中得到历史的肯定，成为中华民族丝织工艺文化的重要组成部分，精湛的制作工艺艺术被世人所青睐。随着现代社会经济、文化、技术等诸多因素的影响，双林绫绢被更广泛地用于书画装裱、工艺品制作、装饰美术等领域。

图5-4　双林绫绢（湖州市农业农村局／提供）

（二）蚕丝织造技艺（辑里湖丝手工制作技艺）

辑里湖丝又称"辑里丝"，因产于湖州市南浔区南浔镇辑里村而得名，具有细而匀、富拉力、丝身柔润、色泽洁白的品质，比一般土丝多挂两枚铜钿却不断，因此名甲天下，成为中国乃至世界优质丝的代名词（图5-5）。辑里湖丝手工制作技艺以辑里村为中心，主要分布在练市、善琏、双林一带的农村。蚕种选用自育"莲心种"（又称"湖蚕"），品种优良，特别适于缫制优质桑蚕丝。缫丝所用丝车，为木制三绪缫丝车，历史上称之为"湖制丝车"。辑里湖丝传统工艺流程主要为搭"丝灶"（专为缫丝所建的灶头）—烧水—煮茧—捞丝头（又称"索绪"）—缠丝窠（又称"添绪"）—绕丝轴—炭火烘丝（也称"出水干"）等，一般都是以家庭成员代代相传的方式传承，尤以女性为多。

辑里村自元末成村时，便生产湖丝。"湖丝"的说法始见于南宋

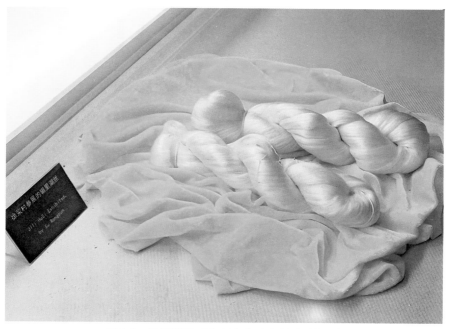

图5-5 辑里湖丝（湖州市农业农村局／提供）

嘉泰年间，明代中叶开始在国内声名鹊起。有明代史料载："天下蚕桑之利，已莫胜于湖，而一郡之中，尤以南浔为甲。"明朝南浔朱国桢、温体仁两位相国将家乡的七里丝推荐给当朝皇上。明万历年间（1578—1620年），七里村人所缫的七里丝，已逐渐在国内市场出名，大贾皆贩于此地，贸于江南及川广地区。朱国桢在天启元年（1621年）所著的《涌幢小品》中说："湖丝唯七里尤佳，较常价每两必多一分。"清代康熙时织造的9件皇袍，就是指名选取辑里丝作经线制成的，江宁、苏州、杭州三织造在每年丝季都会前往南浔大量采办生丝。辑里湖丝独特的缫丝工艺在杭州、嘉兴、湖州、苏州各地得到推广，土丝的质量得以不断提高，形成了细、圆、匀、坚、白、净、柔、韧八大特点。1851年，上海商人徐荣村取"辑里丝"参加在英国伦敦举办的首届世博会，并一举夺得金、银大奖；在1915年首届巴拿马太平洋万国博览会荣获金牌，成为遐迩闻名的世界品牌。

民国以后，随着日本机器丝业的发展，一直靠传统手工技艺制作的以辑里湖丝为主的土丝业受到沉重打击，使优秀传统技艺的传承受到极大挑战。

辑里湖丝发展至今，已形成了一种独特的湖丝文化，其手工制作技艺作为优秀的传统民间手工技艺，完整地保留了湖州地区传统缫丝的特色，历史文化价值十分显著，对研究中国蚕丝业发展史具有较高的实证性价值。2009年，中国蚕桑丝织技艺入选"人类非物质文化遗产名录"，辑里湖丝手工制作技艺是包含在其中的代表性项目。2011年，蚕丝织造技艺（辑里湖丝手工制作技艺）被列入第三批国家级非物质文化遗产名录。

（三）蚕桑习俗（扫蚕花地）

扫蚕花地是一种具有浓郁地方特色的蚕桑习俗，主要流传于浙江省德清县及周边地区。其活动内容主要包括歌舞表演和一系列与养蚕生产相关的动作模拟。表演时，通常由一化装女子边唱边舞，唱词内容多是对蚕茧丰收的祝愿和对蚕桑生产全过程的叙述。与此相配合，表演者会做出扫地、糊窗、掸蚕蚁、采桑叶、喂蚕、捉蚕换匾、上山、采茧等一系列与养蚕生产有关的动作。这些动作不仅生动再现了养蚕劳动的场景，也寄托了蚕农对丰收的期盼和美好生活的向往。2008年，蚕桑习俗（扫蚕花地）经国务院批准列入第二批国家级非物质文化遗产名录。2009年，中国蚕桑丝织技艺入选"人类非物质文化遗产名录"，扫蚕花地是包含在其中的代表性项目。

据考证，扫蚕花地习俗起源于清末至民国时期，广泛流传于湖州和嘉兴地区。道光年间《湖州府志》记载，有文人董蠡舟、沈炳震在《蚕桑乐府》中叙述养蚕生产过程的歌词记载。

当时，德清蚕农为了祈求蚕桑生产丰收，于每年春节、元宵、清明期间请职业或半职业艺人到家中养蚕的场所举行扫蚕花地仪式。随着时间的推移，这种仪式逐渐演变为一种歌舞表演形式，并深受当地蚕农的喜爱（图5-6）。扫蚕花地的活动形式已具有100多年的历史。已故著名艺人杨筱天（1913—1986年）的《扫蚕花地》表演是向老艺人福囡学习的。福囡生于19世纪末，她的公婆潘正法夫妇也是《扫蚕花地》表演艺人。据现尚健在的老艺人周金囡（1902年生）回忆，她的干娘也是一位表演《扫蚕花地》的艺人，如若在世，已有100多岁了。据调查统计，德清县当时的扫蚕花地表演已相当繁荣，艺术上也比较成熟了。由此看来，老艺人们所说的此项表演已有一百多年的历史，当不是虚夸之词。从有关的文献资料看，清康熙《德清县志》载："清明时会社颇盛。"清嘉庆《德清县志》载："乾隆四十八年修先蚕祠，五十九年钦奉谕旨载入祀典。"这些史料内容也都说明了祀蚕活动在清代已相当盛行。

图5-6　扫蚕花地表演（湖州市农业农村局／提供）

（四）蚕桑习俗（含山轧蚕花）

含山轧蚕花是浙江省桐乡市地方传统民俗。它源于对蚕神的信仰，通过上含山烧头香、请蚕花、背蚕种包及祭拜等一系列敬神仪式，祈求蚕神保佑养蚕取得好收成。其活动内容丰富多彩，具体包括烧头香、背蚕种包、请蚕花拜蚕神、画蚕花符、石击仙人潭、轧蚕花、拜香会、水上表演、拜蚕花忏、迎五圣会等（图5-7）。2008年，蚕桑习俗（含山轧蚕花）经国务院批准被列入第二批国家级非物质文化遗产名录。2009年，中国蚕桑丝织技艺入选"人类非物质文化遗产名录"，含山轧蚕花是包含在其中的代表性项目。

图5-7　含山蚕花节（桐乡市农业农村局／提供）

一直以来，"白马化蚕"这一远古神话传说在杭嘉湖蚕乡广为流传，民间还将湖州市南浔区含山镇境内的含山视为蚕神的发祥地和降临地，含山清明"轧蚕花"习俗便由此而生。据史料记载，含山清明"轧蚕花"活动始于唐代。唐代乾符二年（875年）始建含山禅院（包括蚕花殿）；宋代元祐年间（1086—1094年）始建含山塔。蚕花殿供奉马鸣王（亦称马头娘，俗称蚕花娘娘），香火终年不断，并在清明时逐渐形成了含山轧蚕花庙会。明清时期，含山轧蚕花庙会日趋兴盛，各种府志、县志、镇志都有记载。清道光年间诗人沈焯曾这样描述含山清明轧蚕花的盛况："吾乡清明俨成案，士女竞游山塘畔。"抗日战争爆发期间，由于日军侵占含山，山上寺庙被毁，百姓遭难，这一民俗活动被迫中断，直至中华人民共和国成立后才慢慢开始恢复。近年来，随着科学养蚕技术的普及，以及民间信仰等的不断消解，以蚕神信仰为基础的轧蚕花民俗活动正逐渐衰落。

含山轧蚕花民俗活动是流传于浙北杭嘉湖蚕桑重点产区的蚕丝盛会，是浙江省独特的文化品牌，历史悠久，内容丰富，带有鲜明的江南地域特色，展示了桐乡蚕桑业高度发达的现实。轧蚕花风俗作为蚕桑文化不可或缺的一部分，是蓬勃生命力的象征，深刻反映出蚕农对蚕桑丰收的期盼，更表达了蚕农对美好生活的强烈追求和渴望，为江南蚕桑生产、民间信仰、行业民俗等的研究提供了参考，具有重要的历史与实证价值。

三、遗产价值

1.水利科技价值

太湖在未筑堤之前，由于水域季节性、年际性存在较大差异，形成了旱涝交替的广大湖涂区域，通过筑太湖堤、修横塘、开溇港、治圩田，逐步形成了具有挡水、排涝、行洪、垦殖、航运等功能的水利体系，造就了顺应自然、改造自然的和谐环境，体现了古代劳动人民治水、用水的智慧。

太湖溇港的运行原理十分精妙复杂。溇港水利系统充分运用东西苕溪中下游地区众多湖漾进行逐级调蓄，"急流缓收"，以消杀水势。通过人工开凿的东西向河道，如荻塘、北横塘、南横塘等使"上源下委递相容泄"，使东、西苕溪和平原洪水经溇港分散流入太湖。而以自然圩为主体修筑的"溇塘小圩"，使原有的河网水系基本不受破坏，发挥了河网水系的调蓄、行洪和自我修复功能（图5-8）。

每一条溇港水道汇入太湖的尾间处均设有水闸，这是溇港系统中由人力操作的关键部分。溇港上游区域遭遇洪涝时，水闸开启，

图5-8　太湖溇港结构图（央视纪录片《溇港》截图）

使洪水泄入太湖而不使为患；太湖遇涝水涨之时，水闸关闭，防止湖水内侵害田。旱季，溇港水位降低，水闸开启，引太湖水流入溇港，供圩田上的居民生产生活之用。依靠水闸的调节，溇港中始终可以保持较为稳定的水位，实现了北宋范仲淹所说的"旱涝不及，为农美利"。

溇港入湖口朝向东北，溇港所泄的水流就可以从侧面将南下泥沙重新冲入湖中，防止泥沙长驱直入、停淤河道，实现了自动的防淤功能。此外，溇港下游河道两岸也暗藏玄机，河道上的桥梁往往跨度窄小，将入湖的溇港河道突然收窄，形成了溇港"上游宽、尾闾窄"的独特河形。河水在从宽河流入狭窄的尾闾之时，为窄岸所逼，流速骤然增加，疾速冲向太湖，使水中泥沙激荡尽净，大大降低了溇港的疏浚成本，其巧夺天工的设计与现代工程流体力学的相关原理不谋而合。

2.历史文化价值

太湖溇港建设可追溯至春秋时期，历经上千年的发展，至南宋时成熟完善，经元明清的持续经营而绵延至今。太湖溇港是区域人口增加、人水矛盾发展中出现的水利工程类型，它的形成和发展阐释了水利在协调人水矛盾中的社会功能。太湖流域自唐代起就成为中国粮仓和粮食的主要调出地，是中国经济重心，也是文化非常发达的地区。溇港见证了区域自然变迁和社会人文史的发展，为春秋战国时期吴越争霸、江南运河开凿与经营，晋、唐、宋三次人口大转移和北宋"塘浦（溇港）圩田"解体，以及南北方经济、文化交流等历史重要事件提供了特殊见证。

　　太湖溇港地区具有鲜明的地域文化特点，特有的水管理制度衍生了区域性水神崇拜和灌溉节日，反映出太湖溇港千余年的发展脉络以及历史文化特征。在各个溇港口岸与周边村镇，至今仍屹立着众多古朴的寺院与庙宇，它们静静地诉说着对治水先贤的缅怀与追忆。此外，祭雨祈晴、传唱车水号子等民风民俗活动，更是生动展现了这一地区深厚的文化根基与民众的智慧创造。此外，由溇港文化衍生的运河文化、稻作文化、丝绸（蚕桑）文化、渔文化、桥文化、船文化、园林文化、旅游文化等，皆已化作该区域独特的文化内涵与象征符号。图5-9为溇港文化展示馆。

图5-9　溇港文化展示馆（湖州市农业农村局／提供）

3.生态保护价值

湖州段溇港位于太湖上游，是太湖上游最重要的生态屏障。东西苕溪、环湖河道等通过入湖溇港与太湖连通，溇港区域则属于内陆水体生态系统和陆地生态系统之间的界面区，生物多样性丰富。纵横溇港通过过滤、渗透、吸收、滞留和转化等作用能够减少或消除进入地表及地下水中的污染物，减少污染物向水体中输入，从而有效改善太湖入湖水质，是太湖上游地区重要的生态缓冲带。此外，水陆交错缓冲带还具有保护生物多样性、提高土壤生产力、保护河岸、创造安全环境、提高视觉效果、创造休闲游憩场所等作用。

太湖溇港利用众多湖漾、溇港和塘浦的独特格局，急流缓收、级级调蓄，有利于扩散山洪激流、增加排洪能力，较好地解决了汛期苕溪等山溪性河流源短流急、暴涨暴落的问题，并且有效疏解了地势低洼的滨湖平原洪涝渍水不易疏干和旱季引水的困难。纵溇横塘的农田水利系统也有力地催生和促成了桑基鱼塘、桑基圩田的形成和发育。这种利用开筑纵溇横塘和浚河取出的土方修筑堤防种植桑树、桑叶养蚕、蚕粪肥泥、肥泥培桑的农田水利系统和营田方式，为桑基圩田和桑基鱼塘的健康发育奠定了坚实的基础，成为符合循环经济理念和享誉中外的良性生态循环系统的典范。溇港圩田以水网湖漾湿地为基础的基本生态安全格局基本保存完整，构成了连绵的湖漾湿地系统。这些湖漾湿地在抵御洪水、调节径流、改善气候、美化环境和维护区域生态平衡等方面有其他系统所不能替代的作用。

4.旅游开发价值

溇港是太湖平原与水利工程共同营造的自然与文化景观，具有"山—原—河—湖"一体的特点，其中以湖州境内的溇港景观最为完善、最具代表性。湖州溇港体系内桑基圩田规模适宜、布局合理，与运河水运系统和城乡聚落融为一体，具有极高的美学价值。水利工程（溇港、堤防、涵闸、斗门、驳岸、埠头）、圩田，以及相关建筑（汛所、古桥、水神庙）等构成了遗产本体，构成了区域文化景观要素，这些要素是旅游开发的重要资源。

　　溇港的修建是太湖地区灌溉农业发展的里程碑，为区域社会经济发展发挥了基础支撑作用，是孕育吴越文化、丝绸之府、鱼米之乡、财赋之区的重要载体，现今已经形成以水稻种植为主，包括蚕桑饲养、淡水养鱼等为一体的精细农业、高效农业、特色农业。立足现有农、林、渔等广泛旅游资源，开展农业观光旅游，有助于开发农业多功能、增加农业附加值。溇港地区美丽的田园风光、农业生产、溇港圩田工程、民俗文化等溇港遗产的有形、无形资源能为旅游者提供价值，也是旅游开发依托的载体。

　　除了农业景观、水利景观之外，溇港还有丰富的历史文化、人文景观、生态景观资源。这些资源均有其独特性，完全能够带给旅游者不一样的新鲜体验，能够满足旅游者的需求（即溇港遗产资源独特的旅游价值），其中溇港的历史文化是吸引消费者的核心，也是其具有旅游价值的基础。

第三节 ｜ 中国重要农业文化遗产：浙江桐乡蚕桑文化系统

一、遗产特征

　　桐乡位于杭嘉湖平原腹地，邻近吴兴钱山漾遗址，是江南蚕桑文化的发祥地之一，素有"蚕桑之乡，丝绸之府"之美誉。桐乡蚕桑业兴于唐宋，盛于明清，衰微于民国后期，中华人民共和国成立后得到恢复和发展。悠久的蚕桑历史孕育了桐乡璀璨的蚕桑文化，并渗透进当地居民的衣食住行、婚丧嫁娶和精神领域，形成了清明轧蚕花、双庙渚蚕花水会、龙蚕会、乌镇香市等一系列蚕俗活动和桐乡蚕歌、蚕桑谚语、蚕神绘画等传统文化。

　　2021年，"浙江桐乡蚕桑文化系统"成功入选第六批中国重要农业文化遗产，其核心保护区为嘉兴市桐乡市河山镇八泉村、五泾村和石门镇东池村，总面积13.84平方公里，其中耕地面积10.27平方公里，耕地中共有桑园面积2.76平方公里，占耕地总面积的27%。其中，八泉村每年举办蚕花节，是桐乡蚕桑习俗的代表性村落；五泾村保留有浙江省文物保护单位"俞家湾桑基鱼塘"；东池村是传统种桑养蚕技术与现代集约化种桑养蚕技术的集中展示地。该系统的基本特征体现在以下六方面。

1.以底蕴深厚为特点的蚕桑历史

桐乡蚕桑生产最早的文字记载见于《禹贡》，其中记载扬州（当时桐乡属扬州）产有"贝锦"，即以贝壳为纹样的丝织品。三国时期，乌镇镇已经生产用来作画的丝绢；至南宋，桐乡成为浙江的主要蚕丝产地，濮院镇所产"濮绸"是当时浙江名产之一；崇福镇在当时以织狭幅丝织物出名，"克丝"成为朝廷征收品种。元期时，朝廷组织编写农书《农桑辑要》，农耕与蚕桑并重，其中卷三栽桑，卷四养蚕。到明代，朝廷曾三次下诏劝课农桑，养蚕、缫丝技艺日趋完善，所产白丝全国闻名。至清代，桐乡农学家张履祥在《补农书》上记录了蚕桑丝织的情形，乾隆首次南巡至石门镇时写道，"夹岸桑树数十里，果然桑事此邦多"。民国年间，桐乡高产的桑园每亩养蚕可产丝十多斤，等于稻田十多亩的收入，即使花白桑地，种桑兼种豆，收益也大，兼以秋冬桑叶饲养湖羊，桑柴作燃料，形成了"粮—桑—羊"综合经营的良性生态循环，持续至今已有500多年。

2.以蚕桑习俗为代表的蚕桑文化

中国蚕桑丝织技艺（桐乡蚕桑习俗）是中国蚕桑丝织文化的重要组成部分。勤劳朴实的蚕乡儿女，在绵延数千年栽桑养蚕的历史过程中，形成了许多特殊的风俗习惯和文化传统，几乎贯穿于全年的农事活动，融入人们的衣食住行、婚丧嫁娶以及生活的方方面面。桐乡蚕桑生产历史源远流长。自古以来，桐乡农村家家种桑、户户养蚕，蚕桑业一直是当地农村经济的主导产业，蚕茧收入也是当地农民最主要的经济来源。含山轧蚕花是蚕农们为了祈求风调雨顺、蚕桑丰收而举行的一项十分古老的蚕事风俗活动。双庙渚蚕花水会相传源于南宋时代，人们为祈求蚕神保佑养蚕丰收，迎马鸣王姐妹仨至双庙渚附近的河港上，进行祭拜（图5-10）。高杆船技起源于明末清初，以清代后期和民国时期为盛，表演时间为每年清明节前后三日，常在清河村双庙渚、南松村富墩桥和含山蚕花胜会期间进行，是蚕花胜会的一个重要内容。蚕花马灯舞是流传于桐乡市大麻镇一带的民间民俗舞蹈，从古老的传说《马鸣王菩萨》演变而来。

图5-10　供奉马鸣王（顾兴国／摄）

3.以量大质优为特色的蚕桑产业

蚕桑业一直是桐乡最具代表性的特色产业。桐乡蚕桑业兴于唐宋，盛于明清，之后有起有伏。20世纪80—90年代，蚕桑生产成为桐乡市农业支柱产业，蚕茧收入占全市农业总收入的1/3左右，是农民的主要经济收入来源。1992年，全市饲养蚕种数量约78万张，蚕茧总产量24 500 吨，蚕茧收入25 011万元；时有桑园面积17.48万亩，13.5万户农户栽桑、养蚕，分别占全市耕地总面积和农户总数的32.23%和98.5%，可谓家家栽桑、户户养蚕，蚕茧产量居全国市（县）级之首。这一时期，桐乡蚕茧加工业也较为发达，全市有缫丝企业30家，年生产白厂丝7 000多吨；规模以上丝绸企业49家，丝绸服装年生产量2 298万件；蚕丝被、真丝毯生产企业315家（其中

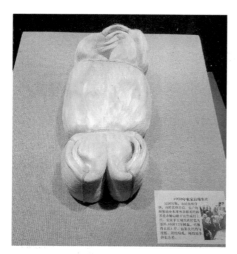

图5-11　桐乡蚕丝（顾兴国／摄）

规模以上企业30多家），年产各类蚕丝被3 000多万条，年产真丝毯30多万条。2005年，桐乡被中国丝绸协会授予中国唯一的"中国蚕丝被、真丝毯生产基地"称号。蚕桑产业作为桐乡的传统经典优势产业，从桑苗培育、蚕种供应、栽桑养蚕、蚕茧收烘到缫丝织绸，形成了完整且紧密的产业链，曾为桐乡的出口创汇和经济发展作出了巨大贡献（图5-11）。

4.以桑基鱼塘为代表的生态农业模式

桐乡土壤为江、海、湖沼沉积物，分属水稻土和潮土两类，土地肥沃，适宜种植水稻和经济类作物。居民根据当地平原水网特点，因地制宜地把一些低洼地方的土地挖深为塘，饲养淡水鱼；将泥土堆砌在鱼塘四周成塘基，以减轻水患，久而久之，"塘基上种桑、桑叶喂蚕、蚕沙养鱼、鱼粪肥塘、塘泥壅桑"的桑基鱼塘生态模式延续了下来（图5-12）。明中叶时期桐乡已经"桑柘遍野"并且分化出桑苗业，至民国年间，高产桑园每亩养蚕可产丝十多斤，等于稻田十多亩的收入。桐乡农民种桑的同时兼种豆，使桑园收益最大化；养蚕季节以桑叶养蚕，兼以秋冬桑叶饲养湖羊，并用桑柴作燃料，

形成了"粮—桑—羊"综合经营的良性生态循环，这种生态模式一直持续至今。此外，还有桑树下套种蔬菜、桑树下养鸡、桑树间种蔬菜、桑烟间作以及农田水旱轮作等传统复合型农业生产模式。

图5-12　桑基鱼塘（顾兴国／摄）

5.以种桑养蚕为核心的传统农耕技术

桐乡种桑养蚕技术随着社会发展不断丰富和完善。植桑最早以桑葚成熟后自然落地出苗、挖取散秧定植为主，明清时期发展到通过采收桑葚籽育苗，主要技术包括选葚处理、桑籽贮藏、桑籽播种、播后管护和苗期管理5个步骤；后来发明了压条、插条育苗等技术，形成了"春初，攀下长枝（压入土中），湿土则条烂，燥土压之则根生其接也"等育苗知识和技术。桑农在长期的生产实践中积累了丰富的经验，根据树皮即可选桑：桑树皮皱，其叶子则会小而薄；桑树皮发白且树节较疏、芽大，其叶必然大而厚。育蚕技术早在元代就已总结出寒、热、饥、饱、稀、密、眠、起、紧、慢"十体"经验。此后蚕种孵化和养育技术不断精进，蚕种催青最早采取"暖种法"，即将蚕种藏于人体胸背，用体温暖种。"于谷雨前后取蚕连包而护之，以衣装覆之，置腹背以暖之、候蚁全生"。后来逐步改为"温室暖种法"，沿用至今。种桑养蚕生产过程中，还形成了秸秆还桑、绿肥翻耕、塘泥肥桑、桑苗嫁接等传统技术（图5-13），衍生出桑剪、蚕匾等蚕桑相关专业性农具。

图5-13　传统养蚕（桐乡市农业农村局／提供）

6.以运河古镇为核心的自然人文景观

桐乡位于杭嘉湖平原中心，境内有大小河流2300余条，纵横交织，水网密集，融合桑园和农田，形成了典型的基塘景观和农田水网景观。运河水系与古寺、古树和古桥形成典型的村落水口景观。河上是桥，河边是巷，古村古街安静祥和，保存完好的古民居古建筑临河分布，形成"家家面水，户户枕河"的格局。桐乡悠久的桑苗、蚕茧及蚕丝制品交易历史，形成了众多古街古市，以运河水系为运输的主要途径，在河流两岸开设码头，保留有蚕花会、轧蚕花、龙蚕会、乌镇香市等蚕桑文化相关遗迹遗址，形成了独特的人文景观。乌镇被誉为"中国最后的枕水人家"，具有典型的江南水乡特征，完整地保存着晚清和民国时期水乡古镇的风貌和格局，其独具江南韵味的建筑因素体现了中国古典民居"以和为美"的人文思想，其自然环境和人文环境和谐相处的整体美，呈现出江南水乡古镇的空间魅力。江南运河古镇崇福镇距今已1100多年，其基本格局尚存，古运河、护城河、司马高桥、孔庙、横街等古城肌理依然保存至今。

二、遗产价值

1.蚕桑物种资源保护的重要地区

桐乡桑树品种繁多，有密眼青、白皮桑、荷叶桑、鸡脚桑等本地传统桑品种24种，目前大面积种植的是从本地品种选育出的桐乡青（湖桑35号、叶眼青、五眼头）等16种优良桑树品种。以茧形、茧色、化性、眠性、体色或地名命名的蚕品种有80多个，主要为大圆、新圆、桂圆等地方传统品种。除蚕桑品种外，还有稻、粱、麦和菽等传统谷类品种27种，栝楼、紫苏和薄荷等传统中药材品种22种，传统蔬菜瓜果品种43种。传统蚕桑品种等是重要的农业战略资源，对后期品种改良及新品种选育具有重要价值。

2.桐乡人民赖以生存的传统产业

"养得一季蚕，可抵半年粮；种得一田桑，可免一家荒。"这反映了蚕桑文化系统在历史上给桐乡人民带来的高效经济效益。随着国家"东桑西移"战略的实施和现代农业的发展，桐乡传统蚕桑产业进入了衰退期，但仍是浙江省最大的种桑养蚕县级市。在多年的发展进程中，桐乡形成了较为完善的蚕桑产业链发展格局，包括上游的桑苗生产、蚕种生产，下游的蚕茧生产加工及专业营销一体化等，拥有蚕种市级龙头企业1家、省级蚕业专业合作社1家、缫丝市级龙头企业1家、丝绵被规上企业17家，培育了浙江省名牌产品"丝源"蚕种、"同福"桑苗及"华纳斯""银桑""钱皇"等知名蚕丝被品牌，借助中国蚕丝城、锦绣天地及电商等平台，桐乡的蚕丝被行销国内外，为桐乡的出口创汇和经济发展作出了巨大贡献。

3.和谐社会男耕女织的典型代表

蚕桑文化系统是小农社会下的产物，是在区域自然环境、经济基础、历史文化等多因素共同作用下形成的，具有很强的地域性。蚕桑文化体现了小农经济下的以家庭为单位，男耕女织的中国传统劳作方式。蚕桑产业是一种劳动密集型产业，从桑苗种植到纺织业和相关产业的机械制造，包含轮种、套种、间种及蚕茧加工，带动缫丝业、纺织业等均需大量劳动力的参与。桑蚕产业各工种对文化程度要求不高，劳动强度轻重有别，老弱妇孺均可参与，且常年无歇，从而可有效地解决农村妇女剩余劳动力问题，使广大农村妇女能自食其力，对于解决桐乡居民可持续生计、维持社区稳定及实现桐乡乡村振兴具有重要意义。

4.杭嘉湖平原农耕文化的集中体现

桐乡蚕桑文化系统是千百年历史进程中当地居民与自然协同进化的产物，它提倡人们在农业生产过程中要顺天时、应地利，适当运用人力引导天、地、人有机配合和协同，使农业有好收成。这种农业生产经验符合中国古代"天人合一""节用物力""中正平和"等哲学理念，是中华民族的瑰宝。桐乡蚕桑文化系统不仅是当地农民的衣食来源，还是当地先民勇于创新精神的具体见证，是对先民们不畏劳苦、变害为利精神的传承。桐乡蚕桑传统农耕文化的挖掘与弘扬，对乡风文明的塑造和民众文化自信的培育无疑是极为有效的。

5.生态农业科普科研的理想场所

桐乡蚕桑文化历史悠久，深入挖掘桐乡种桑养蚕历史，对其寻根溯源、研究杭嘉湖平原农耕文明发展具有重要的历史学术价值。同时，桐乡丰富的种质资源和生物多样性，为农业基础研究提供了丰厚的材料。特别是蚕桑文化系统中动物、植物、微生物之间互利共生的关系，以及对环境和人类生活的影响都可以作为自然科学的研究对象。桐乡世代传承的蚕桑丝织技艺、含山轧蚕花、高杆船技等传统蚕桑文化内涵丰富，是当地风土人情的集中体现，具有较高的人文研究价值。

第四节 | 中国重要农业文化遗产：浙江吴兴溇港圩田农业系统

一、遗产特征

"溇港圩田"是太湖南岸地区劳动人民在滨湖湿地上培土造田、变淤泥为沃土，进而发展农业、建设家园的一项独特创造，它将南太湖这个水乡泽国、洳湿之地改造成为灌排自如、稳产高产的沃土良田，为区域社会经济发展起到了基础支撑作用。在与洪涝、干旱的较量中，溇港先民根据太湖沿岸地势低洼、河网密布等特点，采用竹木围篱透水技术开挖河道。其中，南北向的河道伸向太湖，称为"溇（港）"，东西向的河道横贯其间，称为"塘"，横塘纵溇之间的岛状田园叫作"圩田"，溇、塘、田之间镶嵌着村庄，它们相互依存、和谐共生，共同构成了棋盘式的溇港圩田农业系统（图5-14）。

图5-14　溇港圩田（湖州市农业农村局／提供）

2023年，"浙江吴兴溇港圩田农业系统"被列入第七批中国重要农业文化遗产，其核心保护区位于湖州市吴兴区高新区和织里镇的幻溇村、许溇村、杨溇村、义皋村、伍浦村5个行政村，介于东经120°15′—120°30′，北纬30°53′—30°56′，总面积17.1平方公里。该系统的基本特征如下。

1.生产特征

（1）传统稻米。水稻是溇港地区的主要农作物，有粳、籼、糯和早、中、晚之分，栽培技术有直播和育秧移栽等，历史上有"刘麦种禾，一岁再熟"的记载。溇港区域内水稻品种繁多，据清同治《湖州府志》记载，共有水稻品种114个，其中粳稻56个、糯稻45个、籼稻13个，并且在不断改良，优胜劣汰。自1951年起，该地区水稻中稻改晚稻、籼稻改粳稻、低产作物改高产作物，向三熟制发展。2023年，核心保护区内共有水稻种植面积3.7万亩，年产量2.5万吨。

（2）特色蔬菜。太湖百合。溇港圩田地区的百合是在传统品种"卷丹"基础上改良后的品种，有抗逆性强、适应性广、生长势旺等特点，其鳞茎肥厚、洁白如脂、肉质细嫩、滑腻如玉。太湖百合是一种高级的滋补食品，用来做菜脆甜清香，用来熬汤清凉爽口；它又是一味重要的中药材，被誉为"百合大王"，又被称为"太湖人参"，畅销全国各地。

太湖萝卜。太湖萝卜种植历史较久，早在宋代就曾作为美味之物向宫中进贡。其色雪白，鲜脆爽口，汁多味甜，生食熟食皆可，并可腌制加工后食用。太湖萝卜农历八月底播种，采用"穴播"方式，每个泥穴只剩一株，稍施肥即长成大萝卜，约于十一月底挖出。

太湖葱。太湖葱（又名湖葱）用鳞茎繁殖，色泽碧绿，辛辣鲜香，用于烹饪调味。《嘉泰吴兴志》记载，"太湖地宜葱，乡土惟种冬葱，特宜于污下之地"。冬葱即胡葱，多年生草本，耐寒不耐热，一年生栽培，农户多在庭院隙地进行分株繁殖。其种植方法简单：先将老葱培育分蘖，然后移栽，稍施肥料即收获良好。冬天时，太湖葱通常是家家户户常见的主菜。

（3）特色水产。太湖蟹是利用太湖水源，进行无公害、生态养殖的螃蟹，是溇港圩田地区主要的水产品之一。当地农民利用溇港的水网渠道将太湖水引入蟹塘，还原了太湖蟹的生长环境。其蟹黄肥厚，肉质细嫩，腴美异常，含有丰富的蛋白质、脂肪、钙、磷、铁、维生素A，驰誉中外。除太湖蟹外，溇港圩田地区还有鲈鱼、鳜鱼、太湖虾等特色水产，其中湖州织里鳜鱼等已被列为农产品地理标志产品（图5-15）。

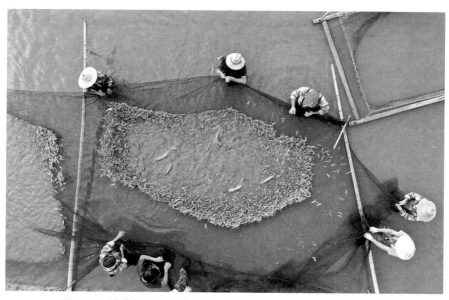

图5-15　溇港圩田的水产养殖区域（湖州市农业农村局／提供）

2. 生态特征

浙江吴兴溇港圩田农业系统因其规模宏大的水稻田、湖泊、沼泽、河流等，形成了对太湖南岸区域生态安全具有重要意义的人工湿地环境，承担着流域洪水调蓄、调节区域小气候、过滤净化水质、保护生物多样性等生态功能，是太湖溇港区域生态安全格局的核心基础。

得益于溇港圩田生态化的土地利用方式、整体连片的农田、纵横联网的水道和荡漾等自然环境，这一地区构建出了一个独特的生态环境，为生物多样性的保持提供了良好条件。溇港圩田地区由稻田、桑树、鱼塘、河道等各种要素构成，河道圩岸均为自然岸线，利于物种迁徙、繁衍和生物种群的发展。据调查，西山漾地区由于生态环境优越，植物种群类型十分丰富，其中维管植物数量达到123科309属386种之多，其中包括15科17属17种的蕨类植物、5科10属11种的裸子植物、103科282属358种的被子植物，并且具有16种之多的湿地植物群落，具有堪比杭州西溪湿地的生物多样性。大面积水域的存在和丰富的食物供给使这里聚集了丰富的水生动物、两栖动物、鸟类和其他野生生物。据统计，在南太湖区域，动物类有鸟类12目27科110种、鱼类11目25科121种、昆虫类19目120科1496种，哺乳纲10种、爬行纲30种、两栖纲20种、甲壳纲10种、蛛形纲11种、多足纲12种，以及浮游生物57种、浮游植物68种、底栖动物100种。

3.景观特征

水利景观。湖州先民在自然水系的基础上建造了溇港水网，垂直于太湖湖岸的纵向河道被称作"溇港"，平行的横向河道被称作"横塘"，纵溇、纵港纵横交错，形成了太湖沿岸极具特色的"横塘纵溇、位位相接"的棋盘式水网体系，包括大钱港、罗溇、幻溇、濮溇、汤溇、北横塘等246条河道和9个小型湖漾，其中河道总长195公里，河道密度约2.57公里/平方公里，大型河、湖、漾水域面积达7.64平方公里，小型湖漾水域面积2.32平方公里。

农田景观。溇港圩田农业系统以"溇""港"为经，以"塘"为纬，横塘纵溇棋盘式水网交错间形成了块块围垦农田，以及"田成于圩内，水行于圩外"的营田方式（图5-16）。由于在洼地、湖滩、滨水低丘坡地上修筑的各类圩田所处位置高低不同，农田略有起伏。人们在四周高的地方种菜，在中间地势较低的地方种植水稻，再将低处的地方作为养鱼的鱼塘，形成了高低分治的立体农业形态。"港里高圩圩内田，露苗风影碧芊芊。家家绕屋栽杨柳，处处通渠种芰莲。"南宋项安世的《圩田》诗中所描绘的风貌迄今依旧。

图5-16　太湖与溇港圩田农业景观（湖州市农业农村局／提供）

村落景观。溇港圩田农业系统不仅造就了美不胜收的水文景观与农田景观，更是催生了具有鲜明地域特色和深厚人文积淀的村落景观。溇港地区村落以织里镇义皋村最具代表性。该村是太湖溇港市集村落"夹河为市，沿河聚镇"聚落形态的典型，在清代已成为太湖南岸的一个繁华集镇。集镇以尚义桥为中心，以小平桥为辅，形成四条老街，有鱼行、茶馆、布店、杂货店、理发店等，而且当年沿着古街可以一直通到江苏。至今，民国时的集镇百米老街保留尚好，其东西走向，系花岗岩条石铺筑，与尚义桥在一条直线上。

4.技术特征

水量平衡技术。在每一条溇港与太湖的交汇处，都建有一道水闸，是溇港圩田农业系统中由人力操作的重要部分。同时，民间还制定了"重阳关闸，清明开闸"的管理制度，以此来阻止秋冬西北

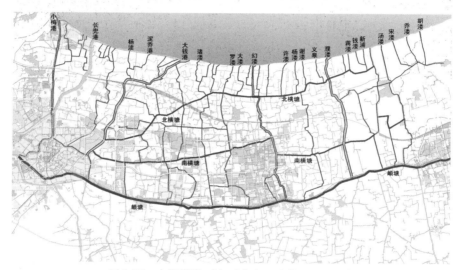（左侧竖排书名）太湖南岸桑基鱼塘

风、北风盛行季节南太湖底泥泛起，防止河道淤积，是溇港圩田农业系统的关键技术之一。溇港上游区域遭遇洪涝时，水闸开启，泄涝入太湖而不使为患；太湖遇涝水涨之时，水闸关闭，防止湖水内侵害田；旱季，溇港水位降低，水闸开启，引太湖水流入溇港，为圩田灌溉用水，同时供圩田上的居民生产生活之用……依靠水闸的调节，溇港中始终可以保持较为稳定的水位，实现了北宋范仲淹所说的"旱涝不及，为农美利"（图5-17）。

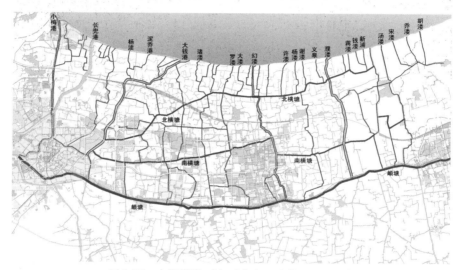

图5-17　太湖溇港（湖州市农业农村局／提供）

圩田管理技术。当年先民在洼地、湖滩、滨水低丘坡地上修筑各类圩田，根据地形高低，采取分区控制或加筑小圩的办法，实行高低分治。圩区内分布着田地、鱼塘和村庄，人们在圩田内居住、种植，不惧水旱之灾。溇港圩区呈四周高、中间低的阶梯状分布，四周高的地方种蔬菜、中间低的地方是鱼塘，不高不低的地方种水稻，利于排水。随着人口的增加，圩田地区又催生了众多精耕细作技术。南宋时，旅居湖州的四川人高斯德在《耻存堂稿》中写道，"浙人治田，比蜀中尤精，上膏既发，地力有余，深耕熟犁，壤细如

面，故其种入土，坚致而不疏，苗既茂矣……其熟也，上田一亩收五六石（900～1080斤）"。

5.文化特征

稻作文化。主要有水稻插秧习俗、"青苗会""谢田神"等农事祭祀活动以及生产生活中的歌谣、谚语等。俗话说"好秧出好稻"，当地农民对秧苗及插秧操作都十分重视。旧时流传着一些独特的习俗，如"开秧门""关秧门"、打秧、抛秧等。"青苗会"传说是为了纪念古代为湖州农耕作出重大贡献的地方官，老百姓尊其为总官神。每逢农历七月初七，禾苗长势旺盛，农田一片青绿，当地居民会举办规模宏大的青苗会，仪式隆重，在田里插五彩三角纸旗，称作"猛将令箭"，表示猛将下令驱除害虫，抬总官神出游巡视，绕着全村进行传统民风、民俗表演，祝贺青苗长势良好，粮食丰收丰产。每到一村皆有人等候，燃香点烛，鸣鞭炮迎接。

蚕桑文化。溇港圩田地区种桑养蚕的历史悠久，千百年来积累了许多蚕桑习俗，进而形成了独特的蚕桑文化。蚕在民间被称为"蚕宝宝"，可见桑蚕在农民心中的地位。拜蚕神是养蚕季节庄重的祭祀仪式，民间的祈蚕歌《马明王》则记述了整个蚕事活动。蚕文化几乎贯穿于溇港圩田地区农民的生活中，如灶台上写有"田蚕茂盛"的吉祥语，除夕夜小孩子拎着灯笼唱"猫也来，狗也来，蚕花娘子到伢府上来"的童谣，都是人们对蚕茧丰收的文化期盼。

渔文化。主要包括渔船制作、鱼饵制作、撒灶灰等。渔船是南太湖渔民的"住宅"和捕鱼、储藏补给的仓库，渔船制作是渔民生活中的大事，仪式十分隆重。渔民每造一条船，船主一般都要置办三次酒席：第一次是"开工酒"，宴请造船工匠；第二次是"定星酒"，在造好船底、上船梁时设宴，如同农村造房屋的民俗；第三次是"下水酒"，庆祝渔船下水。钓鱼时针对各种大小不同的鱼会使用大小不同的撑钓，并且安装不同的鱼饵。例如，钓草鱼、鲤鱼、青鱼等较大的鱼时，使用的鱼饵是一种自制的粉饼，用熬皮、面粉、谷糠搓和，经过油煎，制成小圆条状，外面套一段空心的蒿草，插在鱼钩上。另外，太湖南岸渔民捕鱼还有一个习俗，就是在开始捕鱼的第一天第一网下网时，要先向湖中撒一大把灶灰，意思是让灶灰把鱼的眼睛都变瞎了，鱼就都往网里来了。

二、遗产价值

1.太湖南岸农耕文明发展变迁的历史见证

溇港圩田农业系统历史悠久。根据昆山遗址出土的文物考证，早在4000多年前的夏商时期，溇港雏形就已经出现了，有了早期的农业、畜牧业生产。北魏郦道元《水经注》等文献记载，春秋战国时期，吴、越两国在太湖南岸流域开始了大规模的水利及屯田工程，特有田制——圩田随之同步发展，距今已有2500余年。经过南北朝、唐朝、五代十国的发展，到了北宋时期，溇港圩田工程体系基本形成，并为区域农业发展奠定了基础，蚕桑、养殖等商品农业大规模发展，从而成就了鱼米之乡、丝绸之府。元明清时期太湖流域已经成为中国主要粮食产区和纺织品生产地，是13世纪以后中国南方经济中心之一。中华人民共和国成立以后，溇港实现了管理正规化、疏浚经常化、设施现代化。

2.江南低洼泽区可持续开发的综合技术集成

溇港圩田农业系统的形成是灌溉农业发展的里程碑，为区域社会经济发展发挥了基础支撑作用。先人通过透水篱笆挡墙、泥水分离、疏浚土方堆高成堤等技术，围田作圩，变淤泥为沃土，构建了独特的灌排体系与农业生产体系。在这里，每一寸土地都被精打细算，圩内种稻、塘基种桑、桑叶喂蚕、蚕沙养鱼、鱼粪肥塘、塘泥壅桑，形成了"桑基圩田""桑基鱼塘"雏形。稻田、蔬菜、鱼蟹、蚕桑，环环相扣，催生了低成本、高产出的生态农业，形成了整体生态链的良性循环。此外，每条溇港与太湖交汇处都建有水闸，通过"重阳关闸、清明开闸"等水量平衡调度技术，抗旱排涝，保障鱼米丰收。

3.以水利与稻桑为核心的南太湖乡村文化样本

千年以来，历代居民在农业生产和农田水利建设中积累形成了特色鲜明、底蕴深厚、内涵丰富的农耕文化、水利文化以及道法自然、顺势而为的发展理念衍生出的稻作文化、蚕桑文化、渔文化等，拥有溇港群、横塘群、运粮河、水闸斗门、旧塘板、河埠头、旧港口等农田水利灌溉与水运遗产，古桥群、古堤、古树、古牌坊、民居老宅、宗教寺院等古建筑，孕育了金溇马灯、龙头糕、织里刺绣、雕版等丰富的非物质文化遗产，这些都是保存较为完好的溇港历史遗存，也是溇港文化的典型载体和展现。以农耕文化为经、水利文化为纬，该地区生产生活的方方面面被组织、串联起来，不仅能够感受江南水乡地区的共性文化气息，还可以领略南太湖溇港地区独有的地域文化氛围。

4."溇港－圩田－聚落"和谐共生的江南水乡图景

溇港圩田农业系统是南太湖地区人与自然环境共同营造的景观。溇港圩田景观展现出独特的水乡田园风光，在纵横交错、密织如网、肌理独特的水道、荡漾当中，穿插着星罗棋布、大小不一、自由变化的圩田，点缀着数量众多、形态自如、生机勃勃的村庄。水系、农田、村庄相互交织、互相依托，形成规模宏大、富有变化的整体景观区域，无论是从高空鸟瞰还是泛舟其中，都能感受到江南图景特色。从穿梭往来溇港河道的水上交通和运输，到圩田当中随着时令变化忙碌劳作的种植水稻、培育桑树、养蚕织丝等农忙行为，以及在村庄当中恬淡自如的生活起居和热闹非凡的节庆活动，在"溇港－圩田－聚落"的空间组合范围中，展现出一幅动静结合、和谐有序的农业生产、乡村生活场景。

第六章

浙江湖州桑基鱼塘系统的保护
与利用实践

第一节 | 体制与机制建设

一、构筑多级管理体制

（一）管理机构

2013年，为了加强对"浙江湖州桑基鱼塘系统"的保护与利用，湖州市、南浔区两级分别成立了桑基鱼塘保护与利用工作领导小组，负责统筹安排桑基鱼塘保护与发展总体规划的组织实施，科学论证桑基鱼塘的保护和利用工作，及时研究解决桑基鱼塘保护和利用工作中出现的重要问题。

市级桑基鱼塘保护与利用工作领导小组由湖州市农业局成立，分别由市农业局局长任组长，市农业局副局长任副组长，市农业局办公室、组织人事处、农村经营管理处、产业发展处、市经作站、市水产站等部门和单位主要负责人为组员，下设办公室，办公室设在市经作站，由市经作站站长任办公室主任（图6-1）。

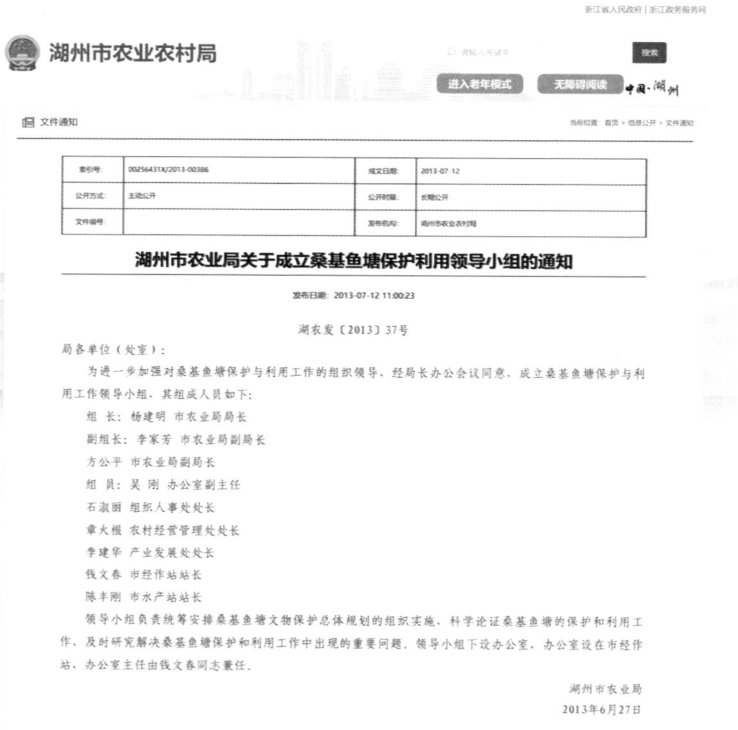

浙江省人民政府 | 浙江政务服务网

湖州市农业农村局

进入老年模式 无障碍阅读

文件通知

当前位置：首页 > 信息公开 > 文件通知

索引号:	00256431X/2013-00386	成文日期:	2013-07-12
公开方式:	主动公开	公开时限:	长期公开
文件编号:		发布机构:	湖州市农业农村局

湖州市农业局关于成立桑基鱼塘保护利用领导小组的通知

发布日期：2013-07-12 11:00:23

湖农发〔2013〕37号

局各单位（处室）：

为进一步加强对桑基鱼塘保护与利用工作的组织领导，经局长办公会议同意，成立桑基鱼塘保护与利用工作领导小组，其组成人员如下：

组 长：杨建明 市农业局局长

副组长：李家芳 市农业局副局长

方公平 市农业局副局长

组 员：吴 刚 办公室副主任

石淑丽 组织人事处处长

章火根 农村经营管理处处长

李建华 产业发展处处长

钱文春 市经作站站长

陈丰刚 市水产站站长

领导小组负责统筹安排桑基鱼塘文物保护总体规划的组织实施，科学论证桑基鱼塘的保护和利用工作，及时研究解决桑基鱼塘保护和利用工作中出现的重要问题。领导小组下设办公室，办公室设在市经作站，办公室主任由钱文春同志兼任。

湖州市农业局

2013年6月27日

图6-1 湖州市农业局关于成立桑基鱼塘保护利用领导小组的通知

区级桑基鱼塘保护与利用工作领导小组由南浔区人民政府成立，分别由区人民政府分管农业的副区长任组长，区政府办、农林局、和孚镇主要领导为副组长，区委宣传部、农办、发改经信委、财政局、水利局、文体局、旅游局、公安分局、环保分局、国土分局、规划局等单位主要负责人为成员，下设办公室，办公室设在区农林局，由区农林局局长任办公室主任。

2015年，南浔区农林局专门设立“湖州市南浔区桑基鱼塘系统开发保护中心”，主要工作职责包括：第一，组织实施桑基鱼塘系统保护与发展规划及行动计划。落实桑基鱼塘系统保护与发展扶持政策，开展动态监测，做好桑基鱼塘系统相关资料的收集、整理、归档。第二，组织开展桑基鱼塘保护与适应性管理研究。组织协调桑基鱼塘农业文化遗产的宣传交流、培训、研学等活动。第三，承担桑基鱼塘系统重要农业文化遗产标识管理，参与桑基鱼塘系统区域公用品牌的监管和推广工作。

镇级层面，湖州桑基鱼塘系统核心保护区获港片区隶属南浔区和孚镇。2015年，和孚镇专门成立桑基鱼塘核心保护区管理办公室，承担桑基鱼塘基地建设和管理工作。2016年，和孚镇又成立湖州获港桑基鱼塘建设管理有限公司，负责镇域范围内桑基鱼塘的日常管理和桑基鱼塘系统核心保护区的修复工作，并给予桑基鱼塘保护利用资金保障支持。

至此，湖州市、南浔区以及和孚镇成功搭建起桑基鱼塘三级管理体系。这一体系不仅涵盖了众多相关部门，而且各级之间互相支撑、紧密配合，有力地促进了湖州桑基鱼塘系统重要农业文化遗产的申报、保护与利用工作，以确保其得到有效的传承与发展。

（二）管理制度

2013年9月，湖州市南浔区人民政府委托浙江大学编制完成了《浙江湖州桑基鱼塘系统保护与发展规划（2013—2025）》。该规划对"浙江湖州南浔桑基鱼塘系统"的遗产结构特征及其价值进行科学分析，并对所面临的优势与劣势、机遇与挑战进行科学评估，提出了科学合理的保护与发展目标，内容涵盖了农业生态保护、农业文化保护、农业景观保护和生态产品开发、休闲农业发展及能力建设等方面，为推动桑基鱼塘系统可持续发展提供了一个全面、长远的指导蓝图。

10月，湖州市人民政府办公室发布了《湖州市桑基鱼塘保护区管理办法》，内容包括总则、桑基鱼塘保护、桑基鱼塘保护方式、桑基鱼塘的利用、桑基鱼塘的管理以及附则等。该办法明确了桑基鱼塘保护区的范围和管理机构，规定了保护区内禁止和限制的行为，同时提出了多种保护和利用方式。此外，该办法还强调了政府和社会各方面的责任和义务，为桑基鱼塘的保护和利用提供了法制保障。

为确保该办法的有效实施，湖州市政府通过多种渠道进行广泛宣传，提高社会各界对桑基鱼塘的保护意识（图6-2）。

图6-2　湖州市人民政府办公室关于印发湖州市桑基鱼塘保护区管理办法的通知

2022—2023年，湖州市人大常委会组织相关市级政府部门和区县人民政府制定了《湖州市桑基鱼塘系统保护规定》（图6-3）。该规定经湖州市九届人大常委会第十四次会议审议通过，并得到浙江省十四届人大常委会第六次会议的审议批准，定于2024年2月1日起施行。其内容共包括23条，不分章节，进一步完善了桑基鱼塘相关的制度体系，从多个维度划出清晰红线：在主体维度上，除明确各级政府、职能部门的职责以外，还规定了村民委员会、行业协会、专业合作社、经营权人（所有权人）等义务，构建了保护工作的责任体系；在客体维度上，以保护区域为重中之重，建立了专项规划、建设控制、标志界桩、技术规范等制度，精准划定"保护圈"，推进了对传统循环农业模式、生态农业景观的一体保护；在方法维度上，不仅对现实中可能出现的对桑基鱼塘系统的损毁行为作出禁止性规范、设定行政处罚，还要求转至上位法规、国土详规落实、强化日常巡查、鼓励公益诉讼，形成了打、防、查、赔有机结合的保护制度体系。为确保该规定施行到位，湖州市政府制定了专项方案，建立"三张清单"，指导推进整个宣贯工作。

湖州市桑基鱼塘系统保护规定

湖州市人大常委会　印
2024 年 1 月

图6-3　《湖州市桑基鱼塘系统保护规定》编印本（顾兴国／摄）

二、健全多方参与机制

自2013年湖州市、南浔区两级桑基鱼塘保护与利用工作领导小组成立以来，在各级人大及政府有关部门的推动下，科研机构、企业法人、乡村社区、社会组织等不同类型的主体都积极参与到湖州桑基鱼塘系统的保护与发展之中，使之成为我国乃至世界范围内重要农业文化遗产保护多方参与的典型代表（图6-4）。

人大方面，主要聚焦于湖州桑基鱼塘系统保护利用的监督及相关立法工作。2019年，湖州市人民代表大会常务委员会通过了《湖州市乡村旅游促进条例》，其中明确了"桑基鱼塘"等旅游资源保护与开发的有关内容；2023年，又将《湖州市桑基鱼塘系统保护规定》列为一类立法项目，其制定与实施为桑基鱼塘系统的保护与传承提供了坚实全面的法制保障（图6-5）。除此以外，在桑基鱼塘系统10多年的保护过程中，各级人大代表也发挥了重要作用。浙江省、湖

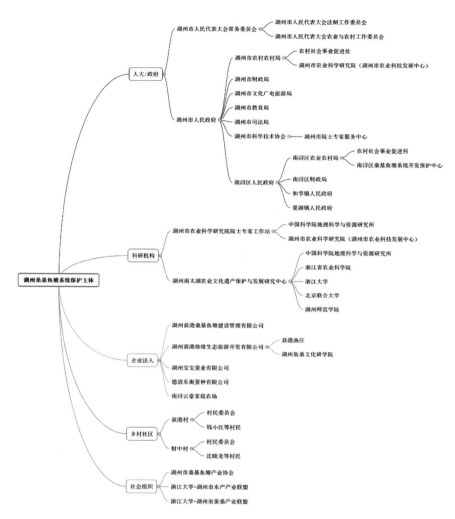

图6-4 湖州桑基鱼塘系统的主要保护主体（顾兴国／绘制）

州市人大代表楼黎静是一名蚕桑专家，长期致力于桑基鱼塘系统的保护和申遗工作，通过深入调查研究，多渠道提交意见建议，为桑基鱼塘系统保护积极发声。南浔区人大代表、和孚镇人大主席杨建中积极推动组建"桑基鱼塘保护监督小组"，以获港人大代表联络站为阵地，定期调查研究桑基鱼塘系统的保护利用工作，在查找问题的同时积极出谋划策。和孚镇人大代表、荻港村村民章阿占是一名桑基鱼塘系统核心保护区专职保护管理人员，他每天都会前往核心保护区内巡视，以确保其得到有效保护与传承。

图6-5 《湖州市桑基鱼塘系统保护规定》"集中宣传周"启动仪式
（湖州市农业农村局／提供）

政府方面，全面负责湖州桑基鱼塘系统的发掘、保护、利用等管理工作。湖州市农业农村局农村社会事业促进处、南浔区农业农村局农村社会事业科、南浔区桑基鱼塘系统开发保护中心具体负责桑基鱼塘系统的管理工作；湖州市财政局、南浔区财政局为桑基鱼塘系统保护及管理提供经费支持；其他相关部门协助做好桑基鱼塘系统管理工作，和孚镇人民政府、菱湖镇人民政府主要负责桑基鱼塘系统核心保护区的修复及相关管理工作。《湖州市桑基鱼塘系统保护规定》的出台进一步明确了各级地方人民政府和有关部门的职责。其中第五条规定："市、相关区县人民政府应当加强领导，将桑基鱼塘系统保护工作纳入本级国民经济和社会发展规划纲要，研究制定政策措施，协调解决重大问题。南太湖新区管理委员会根据授权、委托，在所辖区域内履行区县人民政府职责。桑基鱼塘系统所在地的乡镇人民政府、街道办事处应当建立桑基鱼塘系统日常巡查等制度，依法做好相关保护工作。"第六条规定："农业农村主管部门负责桑基鱼塘系统保护工作的统筹规划、协调推进，制定桑基鱼塘系统保护与利用技术性规范。文化广电旅游主管部门负责桑基鱼塘系统相关的文物保护工作，组织对桑基鱼塘系统相关非物质文化遗产的保护、保存工作，推动桑基鱼塘系统相关文化旅游产业的发展。教育主管部门应当将桑基鱼塘系统保护的有关内容纳入中小学地方教育读本，支持开展与桑基鱼塘系统保护相关的教学、研学等活动。发展和改革、科技、财政、自然资源和规划、生态环境、建设、交通运输、水行政、综合行政执法等部门按照各自职责，做好桑基鱼塘系统保护相关工作。"

科研机构方面，主要为湖州桑基鱼塘系统的申报、保护与利用提供技术指导。2015年6月，湖州市人民政府开始向联合国粮食及农业组织申报全球重要农业文化遗产，同时决定成立农业文化遗产保护与发展院士专家工作站，全面提升湖州农业文化遗产发掘、保护、可持续利用和科学管理水平。2016年11月，在湖州市科学技术协会的支持下，湖州市经济作物技术推广站（现并入湖州市农业科学研究院）与中国工程院院士李文华签约，成立我国首个"农业文化遗产院士专家工作站"，该工作站2018年被认定为省级院士专家站。2019年4月，由中国科学院地理科学与资源研究所、浙江省农业科学院、浙江大学、湖州师范学院以及湖州市农业农村局等单位相关专家联合成立了"湖州南太湖农业文化遗产保护与发展研究中心"，工作范围包括开展湖州市农业文化遗产普查、农业文化遗产保护与适应性管理研究、农业文化遗产多方参与和科学管理的政策研究，协助、指导湖州市范围内农业文化遗产申报中国重要农业文化遗产及全球重要农业文化遗产，组织举办农业文化遗产高峰论坛、学术研讨会和经验交流会等。

企业法人方面，重点推动湖州桑基鱼塘系统的资源修复、模式创新与产业发展等。2016年，和孚镇人民政府成立了国有企业法人单位"湖州荻港桑基鱼塘建设管理有限公司"，具体承担桑基鱼塘系统核心保护区荻港片区的建设及管理工作。湖州荻港徐缘生态旅游开发有限公司主要利用桑基鱼塘系统在生态、文化、景观等方面的资源优势，通过特色食品、休闲农业、研学旅游等业态开发，打造桑、蚕、鱼等农业全产业链，带动周边乡民就业增收。湖州宝宝蚕业有限公司和德清县东衡蚕种有限公司在桑基鱼塘系统核心保护区内推行"小蚕共育、大蚕分户"的养蚕模式，有效地节约了劳动成本，提高了生产效率。南浔云豪家庭农场依托桑基鱼塘系统核心保护区射中片区，通过"跑道鱼养殖+规模化种桑+机械化养蚕"构建新型桑基鱼塘循环模式，推动桑基鱼塘系统创新发展。

乡村社区方面，具体落实湖州桑基鱼塘系统的修复、建设、管护、开发等工作。作为桑基鱼塘系统核心保护区的所有者，荻港村和射中村村民委员会依托项目建设，对传统桑基鱼塘进行日常维护和统一管理，日常维护包括塘埂修复、桑树补种、土地整理等，统一管理包括土地流转、生产恢复、项目投入与运营等。还有一些村民，例如钱小红、沈晓龙等，主动承包桑基鱼塘核心保护区，积极配合政府进行桑树补种、塘埂加固等，并呼吁桑基鱼塘核心保护区内养殖户主动采取积极措施保护好桑基鱼塘。

社会组织方面，积极为湖州桑基鱼塘系统的传承、开发和利用搭建沟通平台。2018年，在湖州荻港徐缘生态旅游开发有限公司等龙头企业的推动下，由30多个会员组成的湖州市桑基鱼塘产业协会正式成立，主要致力于共同推动农业文化遗产的保护、利用、传承和发展。该协会成立以来，组织开展以"蚕桑多元化利用技术""鱼菜共生技术"等为主题的技术培训，为协会会员和村民进行生产技术辅导；以"湖州桑基塘鱼"成功获得农业农村部农产品地理标志登记证书，辐射保护区内多家单位会员。除此以外，浙江大学-湖州市水产产业联盟、浙江大学-湖州市蚕桑产业联盟也在桑基鱼塘保护利用中发挥了重要作用，他们通过产学研合作的方式，积极推广先进的养殖技术和环保理念，为桑基鱼塘的可持续发展提供了有力支持。

第二节 │ 遗产保护与传承

一、寻求科技支撑

为提升湖州桑基鱼塘系统保护与利用的科学水平，依托湖州市农业科学研究院院士专家工作站和湖州南太湖农业文化遗产保护与发展研究中心，湖州市柔性引进生态学专家李文华院士、蚕学专家向仲怀院士、鱼类育种专家桂建芳院士、蚕桑专家李龙院士（古巴科学院）等及其团队，聘请中国科学院、浙江大学、浙江省农业科学院、北京联合大学、湖州师范学院的专家及专业人才为特聘专家和技术顾问，合作开展有关项目研究，为保护与传承湖州桑基鱼塘系统提供战略咨询（图6-6）。

图6-6 李文华院士考察指导湖州桑基鱼塘系统（湖州市农业农村局／提供）

2016年以来，在湖州市农业科学研究院院士专家工作站和湖州南太湖农业文化遗产保护与发展研究中心的指导下，湖州市农业科学研究院、湖州荻港徐缘生态旅游开发有限公司联合有关高校、科研机构、县区农业技术推广部门等，开展技术攻关，先后承担实施了农业农村部农业国际交流与合作项目"浙江湖州桑基鱼塘系统交流合作"3项、浙江省农业新品种选育重大科技专项"蚕桑种质资源的保护创新、多元化利用与育种新技术研究"1项、浙江省成果转化项目"蚕茧新用途技术的产业化应用"1项，以及浙江省产业技术团队项目"果桑酒、桑叶茶深加工组合技术及生产示范""蚕桑集约化生产模式的示范应用""桑基鱼塘绿色生态养殖技术研究""南浔区池塘内循环工程化养殖模式示范""基于'桑基鱼塘'桑叶多用技术示范与应用""桑基鱼塘渔菜共生技术示范"6项、湖州市南太湖精英计划院士专家工作站项目"桑基鱼塘动态保护与适应性管理研究""'百千万'麦芽桑基鱼生态养殖技术的研究与应用"2项、湖州市攻关计划农业项目"湖桑茶精深加工与产业化""蚕茧新用途技术的探究与应用"2项、湖州市科技特派员项目"基于'桑基鱼塘'的蚕桑副产品开发与应用"1项，共计16项。

通过项目研究，发表论文14篇，出版专著3部，制定中国农业机械学会团体标准1项、浙江省地方标准2项、湖州市地方标准4项，获得发明专利2项、实用新型专利1项，集成形成了桑基鱼塘系统生态保护标准化技术体系与综合生产技术体系。生态保护标准化技术体系针对基塘比例失调和混乱的问题，在总结长三角地区先人们长期实践经验的基础上，对不同基塘比例下鱼塘重金属污染程度和生态危害指数进行研究和评价，确定了科学的基塘比例为4∶6或5∶5；针对桑园老龄化、缺株严重、产量低、密度混乱、树形不齐等问题，提出了桑基鱼塘标准化桑园管理措施；针对鱼塘面积、鱼种选择、淤泥厚度等方面的问题，提出了桑基鱼塘标准化鱼塘管理措施。建立综合生产技术体系，选育和推广家蚕品种2个、"叶用"桑品种2个、"果用"桑品种1个，筛选与引进水产新品种3个；形成和应用高效桑树栽培技术2种，引进和推广"小蚕人工饲料育＋大蚕条桑育"模式，集成升级版桑基鱼塘生态循环养殖模式；还研发了湖桑茶加工工艺并实现湖桑茶工厂化、商品化生产，开发出桑叶糕、桑果糕、桑果酒等桑食品12个、鱼产品9个、蚕丝新产品2个。

此外，院士专家团队与湖州南太湖农业文化遗产保护与发展研究中心合作，每年都组织调查研究，完成《关于进一步加强重要农业文化遗产发掘与保护的建议》《关于传承文化遗产，加强"浙江湖州桑基鱼塘系统"保护的建议》《关于坚持"绿水青山就是金山银山"理念争创全球重要农业文化遗产保护利用示范样板的对策研究》《关于利用好农业文化遗产资源打造我市乡村振兴全球文化品牌的若干建议》《关于争创全球重要农业文化遗产保护利用示范样板的建议》《加强农业文化遗产保护利用　助推乡村振兴》《我省淡水养殖产业全面改造提升对策研究》《山水湖州生态传承与发展研究》《关于深入挖掘保护"桑基鱼塘"文化资源促进休闲农业旅游发展的议案》等20余篇咨询报告，为湖州桑基鱼塘系统的动态保护与可持续发展提供了有力指导。

通过多年扎实的工作和不懈的努力，围绕湖州桑基鱼塘系统的研究成果获得教育部科学技术进步奖二等奖、浙江省农业丰收奖一等奖、中国商业联合会科学技术奖二等奖、湖州市自然科学优秀成果奖等科技奖项4项，相关工作人员获得全国三八红旗手、湖州市乡村振兴领军人才、桑基鱼塘申遗有功人员市级以上荣誉10余项。在单位考核方面，湖州市农业科学研究院院士专家工作站在2021年被浙江省院士专家工作站建设协调小组办公室授予"浙江省院士工作站周期性（2018—2020年）绩效评价'优秀'"荣誉称号，2022年又被认定为全省首批重点支持的省级院士工作站，并成为全省农业农村系统内唯一入选单位。

二、建设核心保护区

在湖州桑基鱼塘系统核心保护区内，政府通过流转形式，将原分散于各家各户的桑园、鱼塘由管理部门统一管理。在统一标准的前提下，一部分由相关部门直接管理，一部分返租给愿意经营的农户。市、区两级政府根据《湖州市桑基鱼塘保护区管理办法》和《浙江湖州桑基鱼塘系统保护与发展规划（2013—2025）》，每年安排专项资金220万元，通过项目补助形式用于核心保护区建设。

针对桑基鱼塘系统核心保护区荻港片区，和孚镇和荻港村按照规定的塘基比例对保护区内的桑基鱼塘进行恢复，对已坍塌鱼塘进行规划整修，清淤、护坡，并且每两年对所有鱼塘进行清淤一次，将淤泥全部输送至塘基桑园，一方面提高鱼塘蓄水量、改善鱼塘水生环境，另一方面提高桑园的肥力、改良桑园土壤理化性状。本着科学合理利用资源、提高土地产出率的原则，对桑地进行平整、锄草、治虫、施肥以及桑树缺株补种，2020年之前每年补种2万～3万棵桑树，2020年以后每年补种0.5万～1万棵。为确保桑基鱼塘系统模式可持续发展，每年配套专项资金进行鱼塘水岸线梳理，搭配水生植物、基础设施等营造堤岸景观，提升鱼塘美观性，形成水景优美的鱼塘水网，全方位提升桑基鱼塘系统区域内的生态环境。

在桑基鱼塘系统保护工作的多方带动下，荻港村结合美丽乡村建设，通过引入第三方资金，建设、完善旅游基础设施与人文景观。2017年，在核心保护区主入口建造了一条以"蚕、桑、鱼"为主要元素的科普文化长廊，全方位地展现桑基鱼塘发展变迁、生产模式、特色产品等历史文化，形成可言可观的桑基鱼塘参观景点。之后，还逐步建成了百桑园、桑基鱼塘院士专家监测点、研学体验中心等项目，目前各项设施功能逐一得到完善，参观考察、科学研究的价值正在逐步显现。

针对桑基鱼塘系统核心保护区荻港片区，菱湖镇和射中村以项目的形式对保护区内的368亩传统桑基鱼塘进行修复。近年来，在保持原生态面貌的前提下，通过对树龄老化桑园的改造与改种、池塘整修与塘埂修复，加强项目区所有桑园、鱼塘的全面生产管理。2023年，已完成鱼塘修整210亩、塘埂修复623米、桑树补种与桑园保护150亩、土地整理52亩，引进种植农桑14良种桑苗40亩。通过核心保护区的修复与建设，有效降低了桑、蚕、鱼的生产成本，并带动了菱湖镇2000亩桑基鱼塘与8000亩油基鱼塘的恢复与推广。

三、举办文化活动

鱼文化节是湖州一个具有悠久历史的传统节日，起源于湖州地区渔民们庆祝丰收的习俗，每年过了冬至进入腊月，湖州的渔民们就开始在桑基鱼塘内捕鱼，并通过吃鱼来庆祝丰收。为延续传统习俗，进一步推动湖州桑基鱼塘系统的保护与传承，湖州市与南浔区人民政府每年都在桑基鱼塘系统核心保护区内举办规模盛大的湖州·南浔鱼文化节，不仅保留了传统的捕鱼和吃鱼庆祝丰收的元素，还融入了更多的蚕桑文化活动和相关民俗表演等。

湖州·南浔鱼文化节的主要特色活动如下：一是鱼文化展示，通过展示不同种类的鱼、传统捕鱼工具以及渔业文化的历史渊源等，让游客们更深入地了解湖州传统鱼文化；二是民俗表演，游客们可以欣赏到具有水乡特色的渔家乐、舞龙、舞狮、划船等传统民俗表演，感受到浓厚的渔村文化氛围；三是美食体验，游客们可以品尝到各种美味的湖州鱼肴，如鱼汤饭、百鱼宴等，它们以新鲜的湖鱼为主料，经过精心烹饪，呈现出独特的风味和口感；四是文艺活动，包括写鱼诗、画鱼画、唱渔歌等，旨在通过文学和艺术的形式来表达对鱼文化的热爱和敬意；五是研学旅行，通过参观传统的桑基鱼塘、学习蚕丝被制作等传统技艺，当地青少年可以更深入地了解湖州传统农耕技艺和鱼桑文化。2017年11月，湖州·南浔鱼文化节被评为国家级示范性渔业文化节庆（图6-7）。

图6-7　湖州·南浔鱼文化节活动场景
（湖州获港徐缘生态旅游开发有限公司／提供）

　　2018年，经党中央批准、国务院批复，将每年农历秋分设立为"中国农民丰收节"。为响应国家号召，湖州市自2018年起每年秋分都会在获港村举办鱼桑丰收节，通过农耕节庆活动弘扬传统鱼文化、蚕桑丝绸文化、饮食文化、古运河文化等千年来的文脉精髓。2022年11月，鱼桑丰收节因其独特的文化内涵和庆祝形式，成功入选了中国农民丰收节100个乡村文化活动名单。该节庆活动既做好了全球重要农业文化遗产的宣传工作，又促进了遗产地农业产业振兴、农民持续增收。

　　除了节庆活动以外，湖州市、南浔区以及相关部门、机构还积极围绕湖州桑基鱼塘系统保护与发展主题，举办各类文化论坛。论坛旨在以汇集专家学者独特的工作理念、实践路径、理论体系，持续推进湖州桑基鱼塘系统保护与发展的理论思辨和学术创新，努力打造新时代引领农业文化遗产保护与发展改革创新的策源地、服务生态绿色发展决策的思想库，搭建农遗科研共同体的大舞台。

　　2014年9月，湖州市人民政府与浙江大学联合举办了"桑基鱼塘传统文化与生态文明建设发展论坛"，提升了社会各界保护"浙江湖州桑基鱼塘系统"中国重要农业文化遗产的意识。2017年7月，湖州市人民政府联合东亚地区农业文化遗产研究会在荻港渔庄举办了第四届东亚地区农业文化遗产研讨会，来自意大利等5个国家的专家和联合国粮食及农业组织的领导、学者200多人参加了此次会议。2018年1月，为庆祝"浙江湖州桑基鱼塘系统"成功入选全球重要农业文化遗产名录，湖州市人民政府举办了"专家对话——共谋农业文化遗产保护与可持续发展"专题论坛及全球重要农业文化遗产——桑基鱼塘历史文化馆揭牌仪式。2019年12月，湖州市农业科学研究院院士专家工作站、湖州南太湖农业文化遗产保护与发展研究中心、湖州市桑基鱼塘产业协会等联合举办了"探索农旅结合、助推乡村振兴"主题论坛。2020年11月，湖州南太湖农业文化遗产保护与发展研究中心、湖州市农业农村局、湖州市桑基鱼塘产业协会等联合举办了农业文化遗产地鱼桑产业发展论坛暨农业文化遗产资源普查情况通报会。2022年11月，为认真学习贯彻中央领导给全球重要农业文化遗产大会的贺信精神，推进农业文化遗产保护与发展，湖州市农业农村局、湖州南太湖农业文化遗产保护与发展研究中心等联合举办了桑基鱼塘产业发展论坛。2023年，湖州市农业农村局、湖州市科学技术协会、湖州南太湖农业文化遗产保护与发展研究中心等联合举办了"绿色低碳 共富共美"湖州农业文化遗产传承与发展新路径论坛。

四、开展科普宣传

一是展馆建设。2017年，投资280余万元在湖州桑基鱼塘系统核心保护区荻港渔庄建立了全球重要农业文化遗产浙江湖州桑基鱼塘系统历史文化馆。历史文化馆占地1000多平方米，共分为桑基鱼塘系统历史文化展示区、鱼桑人家展示区、桑基鱼塘系统实地模型展示区、鱼文化展示区、鱼文化科普展示区、食鱼（非遗陈家菜）文化展示区、荣初丝行展示区、荻港村水乡街市展示区、蚕桑科普展示区、丝绸文化展示区、水乡十里红妆（民间传统婚嫁）展示区等，馆藏农用工具、牌匾、丝绸制品、民间婚嫁用品等藏品共计300多件，系统介绍了桑基鱼塘系统历史起源、文化习俗、生物多样性、科技成就等，成为桑基鱼塘系统文化传播的重要平台。2019年，全球首个以农业文化遗产为主题的书屋"积川书塾"在荻港渔庄成立，现已成为国内外农业文化遗产研究成果库、宣传资料库、信息库和杰出研究者的重要档案库（图6-8）。

图6-8 以农业文化遗产为主题的书屋"积川书塾"揭牌
（湖州荻港徐缘生态旅游开发有限公司／提供）

二是丛书出版。2020年以来，湖州南太湖农业文化遗产保护与发展研究中心牵头组织编写"湖州桑基鱼塘系统研究丛书"，以图文并茂的形式，力求科学性与通俗性相统一，系统阐述了重要农业文化遗产的起源与演变、生态与文化特征，分析其历史与现实价值和保护与利用现状，提出可持续保护与管理对策，以进一步提升遗产地人民的文化自觉性与自豪感，提高全社会保护传承与利用农业文化遗产的意识。2021年，丛书第一本《鱼桑文化研学课程新释》出版，时任联合国粮食及农业组织全球重要农业文化遗产科学咨询小组副主席闵庆文先生对《鱼桑文化研学课程新释》给予高度评价，他说："放眼全世界来看，这也是第一本关于农业文化遗产的研学教材。"2022年，丛书第二本《鱼桑文化的民间传说》出版，该书由故事、歌谣、谚语三部分组成，其中31首歌谣配备了相应的音视频，表演者用地道的湖州方言进行演唱，给读者提供了最原汁原味的体验，使读者如身临其境。

三是科普培训。在国内人员培训上，2016年11月，李文华院士以"保护农业文化遗产促进现代农业发展"为主题作报告，亲自为全市各部门及农业系统干部授课，开启了桑基鱼塘系统保护与发展培训之路；2017年以来，湖州市农业科学研究院院士专家工作站、湖州南太湖农业文化遗产保护与发展研究中心与湖州市蚕桑、茶叶、水果三大产业联盟紧密结合，组织开展农业文化遗产人才队伍建设和培养，平均每年培训高素质农民、乡镇以上技术骨干500余人次。在国外人员培训上，2016—2018年，湖州市连续承办由农业农村部和联合国粮食及农业组织共同举办的"南南合作"框架下全球重要农业文化遗产（GIAHS）高级别培训班（图6-9），20余个"一带一路"共建国家的政府官员与科研人员接受了桑基鱼塘生态系统培训并实地考察了荻港村、射中村两个桑基鱼塘系统保护核心基地；2018年以来，又先后接待了30多个发展中国家约70名官员前来培训，因效果良好，农业农村部已将湖州桑基鱼塘系统纳入全球重要农业文化遗产常规培训教学点。

四是媒体宣传。据初步统计，2019年以来，以全球重要农业文化遗产"浙江湖州桑基鱼塘系统"为主题，在国家级刊物及市级以上媒体平台发布信息报道已超过300篇次。其中，2022年全球重要农业文化遗产大会在湖州桑基鱼塘系统核心保护区举行系列活动，来

图6-9 "南南合作"框架下全球重要农业文化遗产（GIAHS）高级别培训班合影
（湖州市农业农村局／提供）

自22个国家驻华使馆和国际组织驻华机构的33名外宾走进桑基鱼塘，以"桑基鱼塘"为主题的新闻报道在国家级、省级、市级等媒体平台上发布100多篇次；在中央电视台、欧洲华文电视台、浙江科学技术协会、湖州市农业农村局、南浔区文化广电旅游体育局等的支持下，先后完成了《桑基鱼塘》《浙江湖州桑基鱼塘系统》《湖州桑基鱼塘的前世今生》《我们的文化DNA·桑基鱼塘》《中国农业文化遗产系列专题片——浙江湖州桑基鱼塘》5部专题片的拍摄制作，并在央视、腾讯、新浪、头条等各大媒体平台上播发，引起了广大人民群众的强烈反响。

第三节 ｜ 遗产开发与利用

一、引导产业绿色转型

湖州桑基鱼塘系统以"塘基种桑、桑叶喂蚕、蚕沙养鱼、鱼粪肥塘、塘泥壅桑"的循环生产、高效产出为特征，是我国传统生态农业的典范，其中蕴含的生态哲学理念对于湖州现代水产产业、蚕桑产业向绿色化、高效化、一体化转型发展具有重要指导意义。桑基鱼塘系统核心保护区的荻港片区和射中片区分别在传统生态理念的指引下，开展了水产、蚕桑生产模式及产业转型的实践探索。

2017年，和孚镇荻港村依托浙江省农业科学院实施桑基鱼塘新生态模式试验，对生态养鱼生物结构、生物之间互利互惠的因素等作科学合理安排，以兴利除弊。试验以大麦胚芽与草作为主要饲料，采用鲫鱼、鲢鱼、鳙鱼或鸭嘴鱼等配合养殖成功，在保留桑基鱼塘"桑—蚕—鱼"之间物质循环的同时，拓展了对水体空间和天然食料资源的利用，目前该模式已推动桑基鱼塘系统核心保护区及周边水产养殖生态化转型。2018年，由荻港渔庄出资成立了湖州桑基鱼塘食品有限公司，一方面科学整合桑基鱼塘系统内桑、蚕、鱼等各种农产品元素，深度开发鱼桑系列糕点产品和淡水鱼制产品；另一方面，充分挖掘桑基鱼塘系统科研要素，将桑叶、桑果等制成生态绿色蚕丝蛋白食品，全面提升生态产品价值利用。2019年，和孚镇引进湖州蚕业星级种业企业——湖州宝宝蚕业有限公司入驻桑基鱼塘系统核心保护区，购置机械化养蚕设备，开启机器人养蚕新时代，并创新形成"小蚕共育、大蚕分户"的联农带农机制，辐射带动系统内蚕农开展家蚕良种繁育、彩色蚕茧生产、果桑加工等，扩大系统生产功能，提升传统产业档次。

在菱湖镇射中村，南浔云豪家庭农场在2016年开始引进池塘内循环零排放养殖方式（简称跑道鱼），即在池塘内修建三条建设跑道，外围面积养水、跑道里养鱼。该养殖方式利用气泵为水中充气增氧，从而推动水流向前不断循环流动，把鱼排泄的粪便用吸污器吸到地面集污池沉淀发酵，然后再放到桑地作为肥料，解决了池底淤泥不断堆积的难题。水流不停地循环流动，迫使鱼在跑道中被动地游动，使鱼的肉质更加紧实、口感有了明显改变，鱼的价格也有了大幅提升，不同品种的价格平均提高40%以上，亩均养殖效益比普通养殖提高35%以上，土地利用率提高30%。与此同时，南浔云豪家庭农场建立了自动化（控温、控湿）小蚕共育室，研发了大蚕机械化养蚕平台，能够做到机动人不动，大大减轻了人工喂蚕的劳动强度，并节省了蚕房面积，使房屋面积的利用率比传统养蚕提高了8倍，养蚕成本在原有基础上降低了约600元/张，对全球重要农业文化遗产传承和发展起到了积极作用。

二、赋能农业品牌建设

全球重要农业文化遗产是人类在长期的农业生产活动中创造并传承下来的独特农业生产系统，其所在地往往具有开展农业生产的生态优势、技术优势、文化优势和品质优势，将这些优势融入品牌理念和产品设计，能够将其转化为农产品品牌的核心竞争力，从而提升农产品的品牌价值。湖州依托"浙江湖州桑基鱼塘系统"全球重要农业文化遗产的品牌效应，不断加强保护区内农产品品牌建设：第一，通过组建湖州市桑基鱼塘产业协会，整合分散的桑、蚕、鱼等农产品资源，生产桑叶茶、桑葚汁、桑葚酒、桑果酱、各式鱼干等具有"桑基鱼塘系统"特色的农产品与加工食品。第二，授权湖州市桑基鱼塘产业协会辐射农业主体在产品包装上使用全球重要农业文化遗产标识，提高桑基鱼塘系统农产品文化内涵和品质特色的显现度。第三，以桑基鱼塘农耕文化为主题，积极参加北京、浙江等地的农业博览会等各类展示展销活动，并将农产品与旅游、文化等产业相结合，不断拓展农产品的销售渠道。

农产品地理标志是推进优势特色农业产业发展的重要途径和有效措施。国家对特色农产品实行地理标志保护，旨在打造农产品区域性品牌，促进农业产业化发展和高效农业发展，规范特色农产品市场竞争秩序。农业农村部《重要农业文化遗产管理办法》第二十三条规定，"县级以上人民政府农业行政主管部门应当支持遗产所在地相关农产品申报无公害农产品、绿色食品、有机农产品和农产品地理标志等认证"，这为湖州桑基鱼塘系统保护区内的"湖州桑基塘鱼"申请农产品地理标志认证提供了良好基础。

2019年初，在湖州市农业科学研究院院士专家工作站、湖州南太湖农业文化遗产保护与发展研究中心、湖州市桑基鱼塘产业协会等各方协同努力下，"湖州桑基塘鱼"农产品地理标志登记产品申报工作正式启动。2019年12月，在荻港渔庄召开了"湖州桑基塘鱼"农产品地理标志登记产品申报感官评鉴会。浙江省的相关专家在湖州市南浔区荻港渔庄进行了品鉴、评审，专家组听取了汇报，审阅了相关资料，经质询讨论后认为："湖州桑基塘鱼"是来自全球重要农业文化遗产"浙江湖州桑基鱼塘系统"的地方特色水产品，历史人文底蕴深厚，区域界线清晰，养殖模式独特，营养丰富、口感佳，符合农产品地理标志登记产品申报条件的要求，专家组一致同意"湖州桑基塘鱼"申报农产品地理标志登记产品（图6-10）。2020年1月21日，"湖州桑基塘鱼"正式通过农产品地理标志登记产品评审与公示，为"湖州桑基塘鱼"带来了地理标志的公信力和品牌效应。2020年4月，湖州南太湖农业文化遗产保护与发展研究中心联合和孚镇人民政府，在湖州市农业农村局、文旅局和南浔区政府

图6-10 "湖州桑基塘鱼"农产品地理标志登记证书
（湖州荻港徐缘生态旅游开发有限公司／提供）

的支持下，举办了"湖州桑基塘鱼"品牌新闻发布会暨品牌推介活动。该活动借助媒体传播加大宣传力度，提高了知名度，扩大了影响力。

为将品牌效益转化为经济效益，带动乡村振兴和共同富裕，2022年以来湖州市桑基鱼塘产业协会联合多家单位、多个部门开展了进机关、进校园、进企业、进社区、进家庭的桑基鱼塘"五进"活动。目前，以桑基塘鱼、桑叶茶、桑陌系列等为代表的桑基鱼塘系统系列产品，已经配送至浙江省人民医院、浙江省气象局、杭州市气象局、湖州市文旅局、湖州市检察院等多家单位和部门以及市区30多个小区的约30万个家庭。"五进"活动让桑基鱼塘文化与系列产品以更加鲜活的方式走进了浙江省城和湖州百姓的生活。

三、推动农文旅融合发展

近年来，随着农业供给侧结构性改革的深入推进，湖州市充分利用桑基鱼塘系统丰富的生态资源、文化资源、景观资源等，通过开发农业观光、文化体验、研学旅行等旅游产品，将农业生产、文化传承与旅游服务相结合，不断探索农文旅融合发展之路，形成了互为支撑、协同发展的产业格局。

2017年以来，湖州市充分发挥"浙江湖州桑基鱼塘系统"全球重要农业文化遗产的宣传效应，每年在桑基鱼塘系统核心保护区内举办以传统鱼汤饭为特色、以现代艺术为载体的"鱼文化节"，结合荻港古村4A级景区和荻港渔庄省级生态休闲农庄等品牌，不断吸引各方游客前来观光。2018年，湖州荻港徐缘生态旅游开发有限公司在湖州餐饮精品区太湖渔人码头开设了一家全球重要农业文化遗产主题餐厅——荻港渔庄"徐缘府"。餐厅内设置了15个包厢，并以我国15个入选全球重要农业文化遗产名录的遗产地命名，推出了以各个全球重要农业文化遗产地的农产品为特色的美食，播放的动态影像资料引人入胜，吸引了大批顾客前往就餐（图6-11）。

图6-11　全球重要农业文化遗产主题餐厅——获港渔庄"徐缘府"
（湖州获港徐缘生态旅游开发有限公司／提供）

　　2019年，为发展桑基鱼塘系统主题研学旅行，湖州获港徐缘生态旅游开发有限公司专门成立了湖州鱼桑文化研学院（图6-12），聘请中国科学院地理科学与资源研究所、北京联合大学、浙江大学、湖州师范学院、湖州市文化馆、湖州市博物馆、湖州市少年宫等单位的专家、教授共同参与研学的各项工作；围绕湖州桑基鱼塘历史人文、鱼桑农耕习俗和桑基鱼塘系统的生物多样性，先后开发了探鱼源、捕鱼乐、品鱼味、画鱼情、读鱼诗、拜鱼神等40多门研学课程，出版了《鱼桑文化研学课程新释》《桑陌问道》《笔道鱼情》等读物，创新研发了"鱼桑研学人家"研学项目，编制了《江南文化探源研学旅行——研学人家》服务规范。研学院还运用网络平台进行鱼桑文化的研学传播，开设传统鱼桑文化与现代科普相结合的生物多样性课程和3D打印研学课程，开发了蚕茧艺术灯、蚕茧链、鱼桑福娃、鱼桑万代系列文创产品，积极倡导用一生情怀哺万代鱼桑。

图6-12　湖州鱼桑文化研学院（湖州荻港徐缘生态旅游开发有限公司／提供）

　　为适应旅游业发展的新趋势、新变化，有效整合农旅文养教资源，荻港村还引入了湖州南浔旅游投资发展集团有限公司，激活乡村创业，带动乡村旅游发展，开通了"漫水乡"游船观光水上游线，搭建了南浔古镇与荻港古村的游客运输桥梁，拉动了荻港古村的旅游经济，提升了桑基鱼塘观光价值。以湖州荻港徐缘生态旅游开发有限公司、南浔云豪家庭农场、湖州南浔渔达果蔬专业合作社等为代表的多家企业潜心研究，利用现代科技手段，陆续开发了体现桑基鱼塘系统地方特色的湖桑茶、桑基塘鱼、桑葚糕点、桑椹酒、桑叶菜、鱼干、跑道鱼等数十种休闲旅游食（饮）品，深受游客的青睐。

　　桑基鱼塘核心保护区和孚镇荻港村及其辖区内有关企业，依托桑基鱼塘系统，结合古镇、古村资源开发、利用，精心打造旅游、观光品牌，近年来被评为全国精品休闲渔业示范基地、全国休闲农业与乡村旅游示范点、国家4A级旅游景区、全国休闲渔业主题公园、国家级示范性渔业文化节庆等。湖州桑基鱼塘研学营地被评为浙江省中小学生研学实践教育营地、浙江省中小学劳动实践基地、江南文化探源研学旅行产品发布中心、中国报业小记者研学湖州基地、中国华侨国际文化交流基地、全国首批农耕文化实践营地等。

四、带动乡民就业增收

自重要农业文化遗产发掘与保护工作启动以来，湖州以创新传承和利用桑基鱼塘系统理念为引领，立足发展实际，通过湖州市桑基鱼塘产业协会，联合桑基鱼塘系统保护区内与桑蚕、水产相关的市级农业龙头企业2家、农民专业合作社3家、家庭农场16家等，建立了"企业+农民合作社+家庭农场+农户"的利益联结机制，依托本地农产品资源，以订单形式为农户解决农产品销售难题，辐射带动当地农业发展、农民致富。尤其是湖州荻港徐缘生态旅游开发有限公司，通过招录村民员工，牵头成立了各种生产合作社，带动当地近600名村民就业增收，节假日和节庆活动时聘用的临时工还覆盖了周边乡村的剩余劳动力。近年来，湖州荻港徐缘生态旅游开发有限公司每年为当地村民发放3000多万元工资，通过与5个专业合作社、3个家庭农场签订农产品收购协议，建立共富收购站等模式采购当地村民的农产品，解决了当地近1500户农户的农产品销售难题，带动每家农户每年增收近2万元。开通了"水晶晶南浔"共享直播间，为村民提供网络销售和直播服务，帮助村民拓宽农产品销售渠道。

桑基鱼塘系统保护区内多家主体开展了"跑道式"生态循环养鱼、家蚕人工饲料与桑叶机械化采收模式的实践，为渔业、蚕桑产业转型升级提供强大动力。引入的湖州宝宝蚕业有限公司，在系统内蚕农中开展家蚕良种繁育、小蚕共育、彩色蚕茧生产等，扩大系统生产功能，提升传统蚕桑产业效益。2019年，湖州荻港徐缘生态旅游开发有限公司、南浔区菱湖镇云豪家庭农场等生产经营主体，联合攻关开展的"湖州桑基塘鱼"（青、草、鲢、鳙、鲫）探索性养殖获得成功，于2020年获农业农村部农产品地理标志登记证书。2023年，湖

州桑基塘鱼养殖总面积已达2.3万亩，年产量2.2万吨，总产值6.6亿

元，每亩鱼塘增收约12%，带动邻近村庄2000人就业增收。

借助"浙江湖州桑基鱼塘系统"全球重要农业文化遗产这张金名片，当地利用独有的生态和景观等优势，发展特色文旅产业，将农业优势转化为经济优势，以产业振兴带动乡村振兴。在桑基鱼塘系统保护内，创新村集体与社会资本合作运营模式，吸收国企资本1.2亿元发展生态休闲旅游，盘活农户的闲置农宅，以"桑"为媒发展荻港特色陌桑系列美食，梳理内河生态水系，打造夜美灯光发展水上游线，实现农户连年增收，壮大村集体经济收入。2023年，荻港村共吸引游客约78万人次，带动旅游收入和土特产销售收入超1亿元。

在农文旅融合发展中，湖州荻港徐缘生态旅游开发有限公司以湖州鱼桑文化研学院为引领，通过"鱼桑研学人家"研学项目，2023年发动近200户荻港村民成为"研学人家"，让村民共同参与到荻港的文化研学和旅游业发展中，带动周边村民就业（图6-13）。近年来，桑基鱼塘系统吸引了来自浙江、上海、江苏、北京、天津，以及香港、澳门、台湾等地众多的学生团队前来研学旅行，湖州鱼桑文化研学院成立至今，共接待了数百个团队数十万名学生。

图6-13 "研学人家"农民（湖州荻港徐缘生态旅游开发有限公司／提供）

第七章

多元遗产视域下太湖南岸桑基鱼塘的未来展望

第一节 | 桑基鱼塘及相关文化遗产的内在关联

从上文可以看出，太湖南岸桑基鱼塘涉及多项世界级、国家级文化遗产，其中直接相关的是全球重要农业文化遗产"浙江湖州桑基鱼塘系统"，间接相关的有世界灌溉工程遗产"浙江湖州太湖溇港"、人类非物质文化遗产"中国蚕桑丝织技艺"以及中国重要农业文化遗产"浙江吴兴溇港圩田农业系统"和"浙江桐乡蚕桑文化系统"等。它们由不同组织或者国家行政部门来认定，像全球重要农业文化遗产、人类非物质文化遗产分别由联合国粮食及农业组织，联合国教育、科学及文化组织评选，世界灌溉工程遗产由国际灌溉排水委员会评选，而中国重要农业文化遗产是由我国农业农村部认定。显而易见，这些遗产归属于不同类型，那么它们在逻辑上有什么内在关系？

农业文化遗产与灌溉工程遗产都以农业生产为核心，非物质文化遗产侧重于民间艺术、传统知识、礼仪和习俗等，多数来自农业生产，因此都与农业生产息息相关。民俗学家乌丙安教授曾对非物质文化遗产、农业文化遗产等5种遗产之间的关系进行过点评。他认为，"农业文明是第一个发展起来的人类生产和生活的根基，由此衍生的农业文化是我们赖以生存的命根子。""应该先顺理成章地把农业文化遗产这个根基保护好，在此基础上演化的那些婚丧嫁娶、衣食住行，包括信仰等才会保护得更好。""非物质文化遗产跟农业文化遗产的衔接本来应该是正向的，应该在保留农业文化遗产的基础上才考虑非物质文化遗产。"他用比较通俗易懂的语言，诠释了以农业生产为核心的文化遗产和由农业生产衍生的文化遗产之间的重要关系。

具体来看，太湖南岸地区原本是古菱湖湖群（南太湖湿地），不太适宜开展农事生产，劳动先民为改变这一状况，创造性地建设出太湖溇港水利工程，为开展桑基鱼塘及相关的农业生产（种桑养蚕、圩田农业等）奠定了基础，之后经过千百年发展，还衍生出以蚕桑技艺、习俗为代表的地方性文化。与之相对应的，"浙江湖州太湖溇港"灌溉工程遗产、"浙江湖州桑基鱼塘系统"等农业文化遗产以及"中国蚕桑丝织技艺"（部分）非物质文化遗产之间呈现出逐层递进的形成关系，具有明显的历史衍生性（图7-1）。

目前来看，在太湖南岸（主要是湖州、嘉兴地区）这个区域范围内，与桑基鱼塘相关的不同类型文化遗产既相互独立，又交叉融合。尤其是在遗产分布上，"浙江湖州桑基鱼塘系统""浙江吴兴溇港圩田农业系统"与"浙江桐乡蚕桑文化系统"的保护区域分别位于湖州市南浔区、吴兴区和嘉兴市桐乡市，三个区域相互毗邻，形成了紧密的空间联系。"浙江湖州太湖溇港"与"浙江吴兴溇港圩田农业系统"在保护区域上具有很大的重合性，而"中国蚕桑丝织技艺"部分内容主要来自"浙江桐乡蚕桑文化系统"，体现了它们在地理空间上的相互关联与依存，也证明了在文化内涵上的紧密联系与互动。总的来说，这些文化遗产在保持各自独特性与独立性的同时，

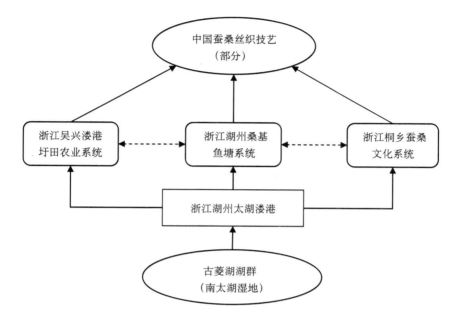

图7-1 桑基鱼塘相关文化遗产的逻辑关系图（顾兴国／绘制）

也相互关联、融为一体，共同构筑了太湖南岸地区丰富多样、独具特色的文化遗产景观。

为推进桑基鱼塘相关文化遗产的整体性保护利用，本章就除了"浙江湖州桑基鱼塘系统"以外的文化遗产的保护利用情况进行梳理，针对当前面临的主要问题和挑战，提出统筹推进太湖南岸桑基鱼塘多元文化遗产保护利用的有关建议和想法。

第二节 ｜ 桑基鱼塘相关文化遗产保护利用现状

一、相关遗产保护利用工作进展

（一）浙江湖州太湖溇港

注重普查，摸清遗产保护家底。为精准保护太湖溇港遗产，湖州市坚持"清单式"管理模式，通过开展水文化遗产和农业文化遗产普查，细化太湖溇港遗产要素，编制遗产保护清单。2016年，开始持续谋划推动相关部门开展太湖溇港世界灌溉工程文化遗产普查；2021年底，顺利完成以太湖溇港重要世界灌溉工程遗产为重点的水文化普查，为太湖溇港立法工作摸清了家底；2023年3月，进一步完成农业文化遗产相关普查。根据文化遗产多样性的特征，共梳理出系统性农业文化遗产1项和水文化遗产281项，进一步明确了深化细化管理重点。281项水文化遗产中包括文保桥、遗址等物质遗产85项，涉水制度、涉水民俗等非物质遗产53项，古树名木、古村落等101项，寺庙等宗教场所42项。

注重立法，健全制度保障体系。湖州市人大常委会始终将太湖溇港遗产保护工作摆在突出位置。重视太湖溇港的立法保护，通过实施《湖州市太湖溇港世界灌溉工程遗产保护条例》、出台《太湖溇港遗产保护利用专项规划》，清单式落实各级各部门职责，构建起遗产保护的"四梁八柱"，成为全国、全省率先开展世界灌溉工程遗产立法保护的地级市。重视太湖溇港的宣传贯彻，构建"线下集中引导+线上矩阵传播"的宣传模式，发动沿线3个区县18个乡镇40个村参加宣传活动，发放宣传资料1.5万余份，同时在人民日报、光明日报、中新网、新华社、央广网、中国日报客户端等央级媒体发布文章16篇，在学习强国等平台获得阅读量达45万人次。重视太湖溇港的保护落实，严格执行《条例》规定，从严管控各类涉及太湖溇港的开发建设项目，加强对项目建设全过程监督管理，有效统筹好保护与开发的关系，确保溇港水系脉络和自然机理不受破坏。

注重监督，做实做细保护举措。保护和监督并重，持续优化监督管理机制，强化溇港整治与管理，构建全方位、多维度、广覆盖、可持续的监管体系。优化河长体系，按照"大河分流域，小河分区域"的原则，建立市、县、镇、村四级河长体系，依托"河长在线（湖州）"数字化平台开展巡河3416次，问题发现率从0.39%提高到7.64%，巡河达标率100%，形成溇港水系的常态化管理。制定"一河一策"实施方案，细化分类组织开展"三清理一提升"行动、河湖缓冲带建设和河长制部门联合执法等，入太湖水质连续14年稳定保持在Ⅲ类以上。探索建立溇港特约监督员监督载体，形成"4个乡镇人大主席团（人大街道工委）+32个溇港特约监督员"协同联动模式，以"特约监督员"的全景视角探索创新代表监督新路径，截至目前，累计协调解决各类问题68个。

注重利用，激发遗产创新活力。不断提升太湖溇港遗产活化利用水平，让溇港的遗产价值、生态价值更多地转化为经济价值、民生价值，将溇港打造成适应现代社会发展需要的新时代的文化遗产。充分开展一线调研，深入了解溇港的研学价值、基础和实践，挖掘义皋、小沉渎等点位的历史文化，针对性地提出强化基础建设、抓实基地培育、凝聚多方合力、注重广泛宣传四项务实举措建议，在提升周边生态环境的同时，强化对溇港文化的宣传。依托太湖溇港的世界文化遗产品牌优势，发挥太湖图影湿地文化园、滨湖区区位优势的叠加效益，融入太湖风情观光带、弁山一线精品带和大运河诗路文化体验带创建，把溇港的湖鲜、渔市、农耕、采摘等特色业态开发成沉浸式旅游产品，带动周边乡村发展。

（二）中国蚕桑丝织技艺（部分）

整体上，围绕人类非物质文化遗产"中国蚕桑丝织技艺"的传承利用，国家与相关省份主要开展了以下四个方面工作：一是做好顶层设计，统筹开展遗产保护。出台《蚕桑丝绸产业高质量发展行动计划（2021—2025年）》、代表性传承人政府津贴（补贴）实施办法等相关政策文件，涉及地区出台地方性法规，建立多级政府专项扶持资金，建立保护传承的长效机制。在国家文化和旅游局非物质文化遗产司的指导下，由中国丝绸博物馆牵头，组织成立"中国蚕桑丝织技艺保护联盟"，建立"3+N"联盟体系，为统筹开展蚕桑丝织技艺保护和沟通交流搭建平台。二是做细要素保护，分类确定保护重点。建立蚕桑丝织技艺数据档案，开展相关非遗调查研究，制定保护名册，建立完备的文字、音像、图片等专题档案或数据库。三是做深产业融合，挖掘遗产多重价值。"非遗+旅游"，融入已开发旅游空间，创新打造非遗体验场景，推出蚕桑文化风情游；"非遗+产品"，创新产品设计，将传统制造技艺与现代设计理念融为一体，开发蚕桑特色食品、丝绸扎染文创产品、彩色蚕茧挂件、蚕丝被等；"非遗+节庆"，举办"蚕花水会""含山轧蚕花"等传统节庆活动，在保留原生态蚕事民俗的基础上，创新蚕事技艺展示活动。四是做好推广宣传，营造浓厚社会氛围。积极参与国内外各类展览展示等交流活动，同时配合媒体宣传推广，通过制作宣传片、纪录片、专题节目、专访等方式，提升中国桑蚕丝织技艺社会影响力。结合民俗节日，举办非遗技艺现场展示，营造蚕桑丝织民俗活动氛围，进一步扩大中国蚕桑知名度。与中小学校联合，建设蚕桑文化研学基地，开办非遗兴趣班，培养青少年对中国桑蚕丝织技艺的兴趣。

具体来看，嘉湖地区针对四项传统技艺及民俗也开展了卓有成效的保护利用工作：一是针对蚕丝织造技艺（双林绫绢织造技艺），在传承传统技艺的基础上，相关企业进行产品研发和创新，开发出绘画、装裱用绢以及戏剧服装、台灯、屏风、风筝、绢花、宫灯等工艺美术品；通过参加各类展示展演活动及获奖，提升双林绫绢的品牌知名度和美誉度，使其获得"国之宝"荣誉称号、奥运会文化工作贡献奖等。二是针对蚕丝织造技艺（辑里湖丝手工制作技艺），重视对非物质文化遗产代表性传承人技艺传承工作的支持，已有多位国家级和省级非物质文化遗产代表性传承人，如顾明琪及其子顾峰、儿媳徐永艳等。他们通过在学校开设传承基地、指导综合实践活动等方式，扩大技艺的传播范围，提高公众对辑里湖丝的认识和兴趣。三是针对蚕桑习俗（扫蚕花地），相关部门已进行了详细的抢救性记录，包括影像资料、传承人访谈等，并建立了数据库；以扫蚕花地为原型创作了一系列表演作品，如《龙舞蚕花飞》《蚕宝蚕花春来到》等，并积极参加各级展演活动，丰富了文化艺术形式；将扫蚕花地与当地旅游资源相结合，打造特色旅游线路，如"春扫蚕花、轧蚕花、拨蚕花水，秋庆丰收打蚕龙，舞叶球灯"的完整旅游路线，吸引游客前来体验蚕桑文化。四是针对蚕桑习俗（含山轧蚕花），政府和社会组织陆续投资进行基础设施修复和建设，如重修含山塔、重建"蚕花殿"等，为含山轧蚕花活动提供良好的场所；推动含山轧蚕花与其他文化元素进行融合与创新，如与湖笔文化、美食文化等相结合，打造多元化的旅游项目和文化体验活动。

（三）浙江桐乡蚕桑文化系统

一是加强顶层建设，提升保护能力。组建工作领导小组，建立以桐乡市政府主要领导为组长、分管领导为副组长的乡村建设与发展工作专班，组织和开展中国重要农业文化遗产保护理论和实践研究，推动落实桐乡市蚕桑文化系统的各项建设管理制度、工作机制和保护方式，实现专人盯、专人管、专人干。完善政策支撑体系，出台《桐乡市关于深化"千万工程"建设新时代美丽乡村行动计划)》《桐乡市深入实施农业"双强行动"全面推进农业现代化先行的若干政策意见》《浙江桐乡蚕桑文化系统管理办法》等政策文件，明确提出农业发展、乡村建设的阶段性目标任务，完善发展蚕桑产业、开展乡村建设、繁荣乡村文化的政策体系。加强资金保障措施，桐乡市将农业文化遗产资源保护利用写入农业农村扶持政策，对蚕桑文化系统核心保护区内的村集体和规模主体按桑园面积每年分别给予200元/亩或400元/亩的资源保护补助；对成功申报省级历史文化保护村落的行政村，在省级奖补的基础上，地方财政给予其400万～1 000万元的补助。

二是做实保护举措，实现应保尽保。注重生物多样性的保护，累计整理保护桑树品种42个、蚕品种80余个；开展"茶用桑品种选育及系列产品开发"和"浙江适应性优质高产果桑新品种选育"两个项目；完成桑苗标准化生产示范基地提升、桑品种种质资源圃建设和桑苗交易中心建设；加强蚕种质资源保护和利用，完成家蚕品种遗传资源保护124个。注重农遗资源的开发利用，全市3家桑茶生产主体围绕中药原料桑、桑茶、桑速溶粉三大品类，开发形成桑叶茶、桑花茶、桑芽茶、桑红茶、湖桑速溶粉、蚕丝胶化妆品等8个产品；形成桑茶生产加工等新技术1套，提升桑基鱼塘特色景观2处。注重技艺与文化的挖掘保护，整理保护蚕桑种养、缫丝加工等相关农耕用具30余项，桑葚籽育苗、桑苗嫁接、养蚕技艺、缫丝技术等传统技艺20余项，建设提升蚕桑文化展示馆4处、茧画馆1处，建成以蚕桑文化习俗为主题的水上美丽乡村精品线1条，开展历史文化（传统）村落保护利用，排摸整理分批保护名单35个。

三是激发农遗活力，提升多元价值。夯实农遗产业基础，建设凤鸣桑茶基地，持续推进特色蚕业、订单蚕业发展，实现天然彩色茧生产扩面提升，"订单蚕业、优质优价"政策补助由试点扩至全市；应用"杂交桑＋大棚养蚕管理技术"新模式，乌镇元丰、石门东池两个规模化蚕桑养殖基地实现一年多批次养蚕生产，桐乡蚕桑全产业链年产值超20亿元。深挖农遗文化价值，市级层面推出"跟着节气游乡村"农事、农食活动，镇村开展特色农遗主题活动：洲泉镇清河村的清明"蚕花水会"入选省二十四节气重点农耕文化活动，已举办了15届双庙渚蚕花水会，每年可吸引近10万人参与；以"蚕花胜境河山路"等为代表的美丽乡村精品线、精品村年吸引游客635万人，实现营业收入超7亿元。探索农遗新业态，推进"农遗＋多元业态"创新实践，推动农遗资源与农耕体验、科普研学等新兴业态深度融合，建设蚕桑、杭白菊、槜李等农遗研学基地30余个，开设蚕茧作画、竹编工艺等特色课程（活动）40余个，举办以高杆船技为代表的蚕桑民俗文化活动20余场次，打造桑宝、水敦敦等一系列主题IP形象，增强农遗记忆识别点，形成品牌差异化，提升农遗知名度。

（四）浙江吴兴溇港圩田农业系统

一是强化系统保护，统筹遗产保护与利用。吴兴区政府高度重视溇港圩田保护利用工作，统筹协调，落实专项经费，部署推进，溇港保护利用更是作为重点内容被写入《吴兴区农业农村现代化"十四五"规划》和《吴兴区文化产业发展"十四五"规划》。出台高标准农田、美丽河湖、品牌建设、主体培育相关政策文件，为进一步开展溇港圩田农业系统保护利用奠定基础，也为保护传承农业文化遗产提供了强有力的保障。发布《太湖溇港遗产保护利用专项规划》，创新提出太湖溇港遗产保护"五大制度"和"一网引领、两区示范、三群并进、多点融合、全域发展"的传承利用总体布局，引领溇港圩田农业系统严格保护、有序利用。

二是狠抓环境整治，延续溇港圩田风貌。开展中小流域系统整理，结合太湖流域水环境综合治理四大重点水利工程建设，拓浚骨干溇港，使溇港引排水能力大幅度提升，入太湖水质连续14年维持在国标Ⅲ类及以上。以全省幸福河湖试点县建设为契机，加强溇港灌溉和泄洪功能的恢复保护，完成7条入湖骨干溇港清淤轮疏整治，明显改善水环境。全面推行河长制，推行"一溇一策"，构建"五位一体"的河湖长制工作体系，打造"水清、河畅、岸绿、堤固、景美"的溇港圩田生态环境。太湖溇港先后获得第三批世界灌溉工程遗产名录国家级水利风景区、国家4A级旅游景区、全国重点文物保护单位等国家级荣誉，吴兴区内的2个乡镇全部创建为国家级生态乡镇、24个行政村全部创建为美丽乡村，义皋村、伍浦村先后入选中国传统村落名录和浙江省历史文化村落保护利用重点村。

三是打造共富平台，做活农业产业文章。以溇港圩田系统为核心，建设国家农业综合开发现代农业园试点、国家现代农业产业园等国家级平台、国家级农业产业强镇（湖蟹），打造重要粮食产区和水产生产基地。2023年，建成3.6万亩优质水稻、2.2万亩特色水产生产基地，年产优质蟹2750吨，推广稻渔综合种养2.1万亩；建成物联网示范基地12个，形成了3条亿元以上全产业链；推广"稻渔共生"等种养循环模式，农作物秸秆、畜禽粪污综合利用率均为100%；成立太湖蟹、湖羊等特色产业农合联，有效带动1.6万名农民增收；以租金、股金、薪金、分红为来源，农民人均可支配收入达4.98万元，高于全区平均水平30.3%。引进上海、杭州等地专业公司开展景区化运营，大力发展美丽经济。以溇港圩田、古村落等历史遗迹为载体，以纪录片、连环画、镇志等形式向公众普及溇港文化，开展立体化展示与宣传教育。

二、整体性保护利用面临的主要问题

（一）溇港圩田持续减少，蚕桑等传统农业产业日趋萎缩

溇港圩田是太湖南岸桑基鱼塘及相关文化技艺形成和发展的基础。与1968年溇港圩田数据对比发现，溇港地区棋盘化、高密度的水网格局已不明显，水网的横塘纵溇、荡漾沼溇等众多水网特征已被破坏，以前层次分明的河道体系已变模糊。过去以耕地为主的土地利用方式也发生了改变，消失的耕地变成了林地、水域和城乡建设用地，变为水域的耕地成了养殖用水域，转变为林地的耕地大多发展林果业。随着城镇化的推进、农业科技的进步以及农业二、三产业的蓬勃兴起，溇港圩田及其周边的传统耕种方式逐渐被新的耕作模式所取代。水稻、蚕桑、蔬菜等作物的种植面积大幅缩减，尤其是蚕桑产业，其收益持续下滑，导致具有一定劳动能力的蚕农，特别是中青年群体，纷纷选择进厂务工，从事蚕桑生产的蚕农数量因此不断减少，且呈现老龄化趋势。这一变化也导致蚕桑民俗文化的传承人和知情人日益减少，使得桑基鱼塘及相关文化遗产的保护与传承面临严峻挑战。

（二）传统文化持续消逝，遗产传承的群众基础日趋薄弱

随着现代化的推进，人们的生产生活方式、价值观念以及行为模式都发生了深刻的变化，导致许多传统文化逐渐消逝和被遗忘。具体而言，溇港文化、鱼文化、蚕桑文化中的诸多传统习俗、节庆活动及手工艺等，逐渐丧失了原有的社会功能与意义，被现代生活方式所取代。同时，由于年轻一代对传统文化的认知与兴趣匮乏，

他们更倾向于追求现代流行文化，而忽视了这些传统文化的独特价值与魅力。此外，过去传统文化的传承主要依赖于社区与家庭的口耳相传，但如今这一传承方式遭到严重冲击。例如，随着科学养蚕技术的普及，以蚕神信仰为核心的轧蚕花民俗活动失去了心理寄托的基础，导致其传承的受众大幅减少。加之，城市化进程的加速和家庭结构的变化，使许多承载传统文化的社区和家庭环境已不复存在，这使得传统文化的传承面临更大困境。

（三）各类遗产管理分散，开发利用缺少全局性统筹协调

当前，灌溉工程遗产的管理主要由水利部门负责，他们主要关注工程设施的维护、水资源的调配以及防洪抗旱等实际功能；农业文化遗产的管理主要由农业农村部门负责，他们更侧重于农业技术的传承与发展、农村文化的保护与弘扬，以及农业生态系统的维护；非物质文化遗产的管理则主要由文化旅游部门承担，他们的工作重点在于传统文化的推广与传播、旅游资源的开发与利用，以及文化产业的促进。这种分散的管理模式导致在桑基鱼塘相关文化遗产的开发和利用上缺乏全局性的统筹协调。各部门之间缺乏有效的沟通与合作机制，往往只关注自己职责范围内的遗产管理，而忽视了文化遗产之间的相互联系和整体价值。这种局面不仅影响了遗产的有效保护和科学利用，也制约了遗产在促进经济、社会和文化可持续发展方面所应发挥的更大潜力。

第三节｜关于统筹推进太湖南岸桑基鱼塘多元文化遗产保护利用的总体设想

一、统筹管理，联合建立文化遗产共保共管的协同机制

建立跨部门共保共管的协同管理机制，需要政府、社区、非政府组织、学术界和私营部门等多方共同参与，明确保护与传承多元文化遗产的共同目标，即维护文化多样性和社会包容性，同时确立

平等参与、资源共享、互利共赢等基本原则。为了实现这一目标，建议成立由多方参与的协同管理机构，搭建信息交流和资源共享的平台，以便各方能够及时了解文化遗产的保护状况和需求，共同制定并执行统一的保护标准和管理规范，采用创新性的保护方法和技术，提高保护效率和效果。

为了促进这一协同机制的有效运行，还需要采取一系列具体措施。一是加强与社区的沟通和合作，让社区居民成为文化遗产保护和传承的积极参与者，通过举办文化活动、提供培训和教育等方式，增强他们对文化遗产的认同感和责任感。二是加强与相关高校、科研单位合作，鼓励遗产地成立文化遗产保护与发展相关院士工作站、专家工作站、博士工作站等，发挥多学科多领域专家在各类文化遗产发掘、保护、利用、规划等方面的支撑作用。三是加强对各类相关人才的培养与支持，统筹开展各类文化遗产代表性传承人认定工作，尤其是培养直接从事农业文化遗产传承和保护工作的农业生产从业者，逐步实现农业文化遗产代表性传承人队伍的稳定建设。此外，确保资金与资源的可持续投入也是这一协同机制成功的关键，需要多方筹集资金，包括政府拨款、社会捐赠、私营部门投资等，并合理利用和保护现有的文化遗产资源，避免过度开发和破坏，确保文化遗产的可持续保护与发展。

二、以农为本，联合推动资源综合利用与生产组织创新

农业文明作为人类历史上最早的生产方式之一，为人类社会的发展和优秀传统文化的形成提供了坚实的基础。在桑基鱼塘相关文化遗产的整体性保护利用中，首先要做好传统灌溉水利工程及相关传统农业生产的传承与创新发展。资源综合利用既是传统桑基鱼塘系统的核心理念，也是实现湖州桑基鱼塘系统可持续发展的根本依赖。研究发现，当前桑基鱼塘系统的资源综合利用程度低于明末清初时期，总体技术水平也不如珠江三角洲地区全面、深入，应引起

相关政策措施制定者的足够重视。在传承桑基鱼塘系统传统知识和经验的同时，也要注重对现代资源综合利用和多元化现代技术的研发、引入和应用，以适应现代高效生态农业的建设和发展。农业技术推广部门要重视资源综合利用相关科技成果的转化应用，帮助企业、农户解决生产中遇到的问题。

生产组织创新有助于实现农业资源的优化配置。通过整合土地资源、劳动力资源和技术资源，形成合力，提高资源利用效率，降低生产成本，可以实现传统农业的可持续发展。当前，德清东庆蚕种有限公司与荻港村养蚕农户之间的生产合作突破了一般非合作型农业组织形式的限制，为桑基鱼塘系统农业生产组织形式的创新提供了启发。这家企业在农业文化遗产保护优惠政策的吸引下，在保护区内新建专业化小蚕室，然后采用小蚕共育、大蚕分户、收茧到种场的生产模式组织农户在家饲养，并为农户提供专业指导。农户可以在较短时间内收获蚕茧，提高生产收入；企业也可以在优质桑园区内获得高品质蚕种，获得较高效益。因此，培育壮大农业龙头企业，通过"公司＋基地＋农户"等模式，能够带动农户参与现代农业发展，实现产加销一体化经营。此外，面对农户参与度不高、资金和技术支持不足等挑战，需要加强宣传引导，加大政策扶持力度，完善金融服务体系，共同推动传统农业向现代化转型。

三、品牌建设，联合构筑具有江南文化特色的品牌标识

入选多项世界级、国家级文化遗产名录，不仅是对桑基鱼塘及其相关农业系统、文化技艺等多重价值的深度认可与高度肯定，更为其在新时代的保护与创新发展提供了前所未有的机遇。特别是作为重要农业文化遗产，桑基鱼塘展现了人类、动植物与当地环境之间长期协同进化的卓越成果，是一个活生生的、实现了人与自然和谐共生的生态系统。其产出的农产品不仅安全性高、品质上乘，还蕴含着丰富的文化内涵，满足了现代消费者对高品质、高文化附加

值产品的迫切需求。在当今物质文明高度发达的社会背景下，消费者越来越倾向于选择那些能够体现独特文化属性和高品质生活方式的产品。因此，在同一类产品市场中，凭借品质差异和文化特色的独特定位，实施差异化定价策略成为提升产品竞争力的有效途径。鉴于此，我们应当充分利用桑基鱼塘相关文化遗产这一独特的"金色名片"，深入挖掘其文化内涵与品牌价值，通过跨界合作与创新设计，联合打造具有鲜明江南文化特色的品牌标识和产品体系。

基于文化遗产品牌标识的打造应重点从以下方面着手：第一，明确产品的构成体系，推出主要产品系列，积极注册品牌商标，确保品牌标识的独特性和合法性，为后续的市场推广和法律保护奠定坚实基础。第二，确保产品原料均来自原始的桑基鱼塘及相关生态农业系统，并保证产品的安全性和品质，可采用辅助加工、包装等手段提升产品的多样性、口感、外观等。第三，多渠道宣传营销，充分利用"文化遗产+"思维，借助国际国内展会、文化活动、农博会、农产品展销会以及微信、微博、抖音等平台，进行品牌核心价值的宣传和推广。

四、文旅融合，联合打造文化遗产主题的研学旅游路线

文旅融合是推动文化遗产保护利用的有效途径。通过文化和旅游的深度结合，尤其是研学旅游，不仅可以促进文化遗产的传承与发展，还能提升区域文化影响力，吸引更多游客前来体验和学习。2022年11月，农业农村部、共青团中央、全国少工委联合公布了首批农耕文化实践营地，其中湖州桑基鱼塘农耕文化实践营地上榜，这为其他文化遗产所在地的文旅融合发展提供了参考。为进一步形成规模效应，提升整体影响力和吸引力，建议在各方充分建设和发展研学旅游营地的基础上，共同打造以文化遗产为主题的研学旅游路线。

一方面，通过加强校地合作，充分挖掘文化遗产所在地传统农

耕文化资源，结合周边学校学生的年龄特点和认知水平，开发具有趣味性、互动性和启发性的农耕文化研学课程体系，推动开展中小学综合实践活动和大学耕读教育活动。组建由专家学者、非遗传承人、当地文化工作者等组成的研学导师团队，为学生提供专业的指导和帮助。整合各类资源，设计并建设一系列主题研学营地，包括农事体验、自然教育、文化体验等，与当地农业社区、学校、研究机构等建立紧密的合作关系，共同推进研学营地的建设和运行，积极申报国家农耕文化实践营地，为更多学生提供优质的研学资源。另一方面，突出全球重要农业文化遗产"浙江湖州桑基鱼塘系统"、世界灌溉工程遗产"浙江湖州太湖溇港"、人类非物质文化遗产"中国蚕桑丝织技艺"等的文化特色，发挥鱼文化、蚕桑文化、溇港文化等资源优势，合理规划布局，结合地域关联，串点成线，联合打造多条、多类型文化遗产主题研学路线，让游客深入体验当地历史、民俗、艺术等，提升区域性农耕文化影响力。鼓励各个文化遗产所在地联合开展"遗产保护日"活动，利用多种平台积极推介文化遗产主题研学路线，打造区域性江南农耕文化主题研学旅行品牌。

五、监测评估，联合开展文化遗产定期调查与动态管理

与桑基鱼塘相关的多元文化遗产之间存在着紧密的内在联系，共同构成了一个不可分割的整体。通过联合开展监测评估工作，不仅能够全面、深入地了解和掌握这些文化遗产的现状、发展趋势以及所面临的挑战，从而确保它们的核心价值和独特的历史风貌得到有效保护，而且还能够促进这些遗产在生态环境、农业生产、文化传承等多个方面实现整体可持续发展。这一举措对于维护和提升这些文化遗产的整体价值，以及推动它们长期、健康地传承与发展具有重要意义。

结合桑基鱼塘多元文化遗产的特征和价值，构建包括生态环境、生物多样性、农业生产、传统知识与技术、社会文化、复合景观等

多个方面的监测评估指标体系，研发适用的监测评估方法和技术，包括遥感监测、地面调查、社会调查等多种方法。搭建桑基鱼塘多元文化遗产监测评估管理信息系统，明确各项文化遗产保护范围，统一监测与评估数据库建设要求，制定相关数据标准，开展数字化信息采集，逐步实现数字化管理，形成桑基鱼塘多元文化遗产空间信息及监测评估管理"一张图"。设立由相关部门和专家学者共同组成的文化遗产监测评估机构，对各文化遗产所在地进行定期或不定期巡查，对其管理状况进行评估，及时发现问题和隐患、形成监测报告，发挥行政监督作用。建立公众参与信息反馈机制，引导公众积极参与桑基鱼塘多元文化遗产监测评估，推动文化遗产保护利用工作的透明度和公信力。将监测评估结果应用于桑基鱼塘多元文化遗产保护利用决策中，为制定保护措施、优化利用开发方式提供科学依据，同时向全社会公布监测评估结果，提高公众对多元文化遗产的认知度和保护意识。

APPENDIX 附 录

1.太湖南岸传统桑基鱼塘遗存

1.1 湖州地区桑基鱼塘代表性遗存——南浔桑基鱼塘

南浔桑基鱼塘位于湖州市南浔区和孚镇荻港村和菱湖镇射中村。其中，荻港村桑基鱼塘隶属塘东自然村，总面积1007亩；射中村桑基鱼塘隶属谈家墩自然村，总面积300亩。2003年，南浔桑基鱼塘被列入湖州市文物保护单位，2014年被划入"浙江湖州桑基鱼塘系统"中国重要农业文化遗产核心保护区，2017年又被划入"浙江湖州桑基鱼塘系统"全球重要农业文化遗产核心保护区。

附图1-1 南浔桑基鱼塘（荻港村）航拍图（顾兴国／摄）

附
录

155

获港村坐落在江南运河支线河畔，因周围荻草丛生、河港纵横而得名。据清同治《湖州府志》记载，荻港在宋元时已形成市集，明清时期更加繁荣，曾是浙北地区水产品交易的中心。2012年，荻港村被列入第一批中国传统村落名录。射中村原名射村，也名石村，又名宝溪，清代《归安县志》记有"旧有集市，名射中村市"，是传说中后羿射九日的地方。2019年，射中村被列入浙江省第一批省级传统村落名录。

南浔桑基鱼塘是劳动先民通过修筑水利排灌工程，将洼地改造成鱼塘，并在塘基上种桑养蚕，形成了"塘基上种桑、桑叶喂蚕、蚕沙养鱼、鱼粪肥塘、塘泥壅桑"的循环农业模式，体现了人类智慧与自然生态的完美融合。从高空俯瞰，南浔桑基鱼塘仿佛一幅蓝绿相间的巨大棋盘，桑地和鱼塘交错分布，基本保持了桑地和池塘相连相倚的"蜂窝状"特征，池塘面积与桑地面积比例（塘基比）大致维持在6 ： 4的最佳比例。

附图1-2　南浔桑基鱼塘实景图（顾兴国／摄）

桑基除种植桑树外，还在水滨种植多样的湿生植物，鱼塘外沿种植的多种蔬菜既为当地提供了更丰富的农产品，又可以加固塘埂。当地农民用俗语"树上挂珍珠，水里浮元宝"来描述水面的立体景观，"珍珠"指白扁豆，"元宝"指菱。众多的湖沼水体也滋生了丰富的水生动植物，为池塘养鱼提供了丰富的饲料来源。

鱼塘实行科学的立体混养。汪曰桢《湖雅》记载："鲩鱼即草鱼，乡人多畜之池中，与青鱼俱称池鱼，青鱼饲之以螺蛳，草鱼饲之以草，鲢独受肥，间饲之以粪。盖一池中，畜青鱼、草鱼七分，则鲢鱼二分，鲫鱼、鳊鱼一分，未有不长养者。"其中，青鱼是池塘饲养的主要鱼种之一，螺蛳是养青鱼必需的饲料，因此称之为"螺蛳青"。

除此以外，南浔桑基鱼塘还有湖羊的参与。历史上，当地农民有养羊积肥的习惯，将多余的桑叶饲养湖羊，羊舍内产出的肥施于桑地，羊粪尿含水分少，为其他牲畜肥料所不及，有谚语称："农家养了羊，多出三月粮。"蚕桑区在湖羊的饲养与桑园的桑叶产量、肥料投入之间形成了稳定的循环关系：一般1亩桑园的枯桑叶，可供1头羊的越冬饲料；1头羊所产的羊肥，可以补充1亩桑园的基肥。羊粪肥肥效持久，经常施用羊粪肥，能够疏松土壤，改良桑地土壤。

1.2 嘉兴地区桑基鱼塘代表性遗存——俞家湾桑基鱼塘

俞家湾桑基鱼塘位于嘉兴市桐乡市西北部河山镇五泾村，总面积120亩，其中北面部分隶属俞家湾自然村，南面部分隶属百家泾自然村，百家泾村的桑基鱼塘面积略多于俞家湾村。2008年，俞家湾桑基鱼塘被列入桐乡市文物保护单位，2011年被列入浙江省文物保护单位，2021年被划入"浙江桐乡蚕桑文化系统"中国重要农业文化遗产核心保护区。

五泾村因位于五条河流交汇之处而得名，其得益于四通八达的水路交通还形成了繁华至今的五泾集镇。俞家湾桑基鱼塘四面环水，基本呈正方形状。鱼塘与桑基基本均匀分布，相间布局，有"九埂

附图1-3　俞家湾桑基鱼塘航拍图（五泾村／提供）

十三池""基四塘六"之说。历史上共 13 处鱼塘，鱼塘形状大多呈矩形或椭圆形，现状水域占地面积约 2.7 万平方米，现状保存鱼塘共12 处，一处后期填埋，一处后期改动较大，虽鱼塘仍在，但与外围水系连通，未被划入保护范围内，其余基本为桑地。

根据村民口述得知，历史上俞家湾桑基鱼塘被称为"九埂十三池"，意思是该区域一共有大小不等的13处鱼塘，其余基本为桑基，鱼塘与桑基、桑基与桑基间分布着9条主要的田埂。另外，"基四塘六"为历史上的桑基鱼塘分布比例，但随着时代的发展，人们生活方式、生活水平逐渐改变，在20世纪70年代一处鱼塘被填埋前，鱼塘与桑基的比例基本持平，这一持平的分布比例具体从何时开始暂无法知晓。

每块桑基基本成矩形，桑基和桑基之间为了划分所有权和便于村民通行与劳作，形成田埂，一般宽度在 2 米左右。桑基间的田埂为长年耕作形成，平时村民只需定期清除杂草即可。鱼塘与桑基间也

附图1-4　俞家湾桑基鱼塘实景图（顾兴国／摄）

自然形成田埂，便于捕鱼和钓鱼，此类田埂大部分与鱼塘驳岸形成一体。历史上桑基鱼塘"九埂十三池"中的"九埂"便是指主要的9条田埂。

桑基种植以湖桑为主，主产桑叶，用于养蚕。俞家湾种植的湖桑，盛产期达8～10年，村民每8年左右会对自家桑树进行轮植。

鱼塘大部分呈矩形或椭圆形，素土驳岸，大小不一，水深2米左右，常水位水面与地面高差0.8～1.2米。塘内养殖鱼种主要以草鱼、鲤鱼、鲢鱼、青鱼、鲫鱼为主。

驳岸历史上一直为素土堆砌，旧时村民每年清理鱼塘淤泥1～2次，在将淤泥用于肥桑的同时，修筑鱼塘驳岸。另外，个别鱼塘原驳岸上会种植3～5棵水杉。

2.太湖南岸桑基鱼塘农户调查表

调查地点：　填表日期：　调查人：　联系电话：

附表2-1 家庭基本情况

1.你家现在有__口人;
2.你家共承包__亩地,抛荒__亩,借出__亩;开荒__亩,借入__亩,稻田__亩。

01	02	03	04	05	06	07	08	09	10	11	12	13
个人编码	与户主关系	性别	是否与户主同一户口簿	出生年份	文化程度	劳动时间分配						闲暇
						农业				非农工作		
	关系代码	1=男 2=女	1=是 2=否		学历代码	种桑	养蚕	养鱼	其他	工作代码	时间	
01												
02												
03												
04												
05												
06												

【关系代码】1=户主;2=配偶;3=孩子;4=孙子辈;5=父母;6=祖父母;7=兄弟姐妹;8=女婿,儿媳,姐夫,嫂子;9=公婆,岳父母;10=无亲戚关系;11=其他(请说明)。【学历代码】1=没上过学;2=小学;3=初中;4=高中/中专;5=大学/大专;6=研究生。

【工作代码】1=工厂工人;2=建筑工人;3=矿业工人;4=其他工人;5=商业员工;6=服务业员工(美容师、理发师、餐厅服务员、司机、厨师、保安等);7=办事人员(秘书、勤杂人员);8=各类专业技术人员(教师、医生);9=党政企事业单位负责人;10=个体工匠(木匠、水泥匠等);11=个体商贩;12=私营企业老板;13=企业的管理人员;14=其他(请说明)。

附表2-2 种桑情况

说明：1.工具包括电炉、蚕匾、蚕布、网；2.塘泥可以折合成化肥施用量。

01	02	03	04	05	06	07	08	09	10	11	12	13	14	15	16	17	18	19	20	21
地块编码				投入														产出		
地块编码	面积	品种	种植密度	补种桑苗		塘泥	农家肥		化肥			农药			工具折旧	雇佣劳动力		年采桑叶量	其他	
地块编码	面积	品种	种植密度	数量	价格	塘泥	主要成分	施用量	名称	施用量	价格	名称	施用量	价格	工具折旧	雇佣量	费用	年采桑叶量	数量	价格
地块编码	亩	代码1	棵/亩	棵/亩	元/棵	克/亩	代码2	千克/亩	代码3	千克/亩	元/千克	代码4	克/亩	元/千克	元	天/亩	元/天	千克/亩	千克/亩	元/千克
01																				
02																				
03																				
04																				
05																				

【代码1】1=农桑8号；2=农桑10号；3=农桑12号；4=农桑14号；5=丰田2号；6=大中华；7=盛东1号；8=育71-1；9=强桑1号；10=强桑2号；11=金10；12=龙桑；13=果桑；14=其他（请注明）。

【代码2】1=人粪；2=羊粪；3=鸡粪；4=牛粪；5=猪粪；6=垃圾；7=其他（请注明）。

【代码3】1＝尿素；2=复合肥；3＝磷肥；4＝钾肥；5=铵肥；6=其他（请注明）。

【代码4】1=敌敌畏；2=辛硫磷；3=灭多威；4=残杀威；5=杀灭菊酯；6=乐果；7=甲基异柳磷颗粒剂；8=喹硫磷颗粒剂；9=粉锈宁；10=其他（请注明）。

附表2-3　养蚕情况

说明：1.能源用于温室的温度控制；2.蚕丝和蚕蛹来自蚕茧；3.工具包括电炉、蚕匾、蚕布、网。

01.你家一年养__次蚕（包括春蚕____、夏蚕____、中秋蚕____、晚秋蚕____）

01	02	03	04	05	06	07	08	09	10	11	12	13	14	15	16	17	18	19	20
		投入											产出						
	品种	蚕种		桑叶	农药			雇佣劳动		工具折旧	电能		蚕茧		蚕丝		蚕蛹		蚕沙
蚕季		数量	价格		名称	施用量	价格	雇佣量	费用		数量	价格	产量	出售量×价格	产量	出售量×价格	产量	出售量×价格	
	代码1	张	元/张	千克	代码2	克/张	元/千克	天/张	元/天	元	度	元/度	千克/张	千克×元/张	千克	千克×元/千克	千克	千克×元/千克	千克
春蚕																			
夏蚕																			
中秋蚕																			
晚秋蚕																			

【代码1】1=菁松×皓月；2=秋丰×白玉；3=明丰×白玉；4=秋华×平30；5=华峰×雪松；6=春蕾×镇珠；7=薪杭×白云；8=丰1×富日；9=华秋×松白；10=其他（请注明）。

【代码2】1=石灰粉；2=漂白粉；3=防病一号；4=仁香散；5=消特灵；6=消力威；7=福安菌克；8=灭蚕蝇；9=优氯净；10=新洁尔灭；11=蚕季安；12=其他（请注明）。

说明：1.池塘施肥主要是为浮游动植物提供饵料。

附表2-4 养鱼情况（一）

01	02	03	04	05	投入（一）																								
					鱼苗										肥料						饲料								
					青鱼		草鱼		鲢鱼		鳙鱼		其他种苗			有机肥			无机肥			生物饲料		配合饲料			蚕沙	蚕蛹	
																												购买量及价格	
池塘编码	池塘面积	租金	池塘形状	池塘深度	数量	价格	数量	价格	数量	价格	数量	价格	名称	放养量	价格	成分	施用量	价格	名称	施用量	价格	成分	施用量	名称	施用量	价格	价格	数量	价格
	亩	元	代码1	米	尾	元/千克	尾	元/千克	尾	元/千克	尾	元/千克	代码2	尾	元/千克	代码3	千克	元/千克	代码4	千克	元/千克	代码5	千克	代码6	千克	元/千克	元/千克	千克	元/千克
					06	07	08	09	10	11	12	13	14	15	16	17	18	19	20	21	22	23	24	25	26	27	28	29	30
01																													
02																													
03																													
04																													
05																													

【代码1】1=长形；2=正方形；3=梯形；4=圆形；5=不规则多边形；6=其他（请注明）。【代码2】1=鲤鱼；2=鲫鱼；3=黑鱼；4=鲈鱼；5=鳜鱼；6=甲鱼；7=河虾；8=其他（请注明）。【代码3】1=人粪；2=羊粪；3=鸡粪；4=牛粪；5=猪粪；6=垃圾；7=其他（请注明）。【代码4】1=尿素；2=复合肥；3=磷肥；4=钾肥；5=氨肥；6=其他（请注明）。【代码5】1=南瓜藤；2=苏丹草；3=黑麦草；4=菜籽；5=豆饼；6=莱籽饼；7=稻谷；8=大麦；9=螺蛳；10=蚬；11=其他（请注明）。【代码6】1=颗粒饲料；2=其他（请注明）。

附表2-5　养鱼情况（二）

说明：1.塘泥厚度指全年累计塘泥。

池塘编码	投入（二）						工具				雇佣劳动		产出 水产品											塘泥厚度
	药品						增氧机			其他折旧			青鱼		草鱼		鲢鱼		鳙鱼		其他水产			
	消毒剂			药饵			数量	价格	使用年限		投入量	费用	产量	销售量及价格	产量	销售量及价格	产量	销售量及价格	产量	销售量及价格	名称	产量	销售量及价格	
	名称 代码8	价格	施用量	名称 代码9	价格	施用量															代码2			
		元/千克	千克		元/千克	千克	个	元	年	元	天	元/天	千克	元/千克	千克	元/千克	千克	元/千克	千克	元/千克		千克	元/千克	厘米
	31	32	33	34	35	36	37	38	39	40	41	42	43	44	45	46	47	48	49	50	51	52	53	54
01																								
02																								
03																								
04																								
05																								

【代码2】1=鲤鱼；2=鲫鱼；3=黑鱼；4=鲈鱼；5=鳜鱼；6=甲鱼；7=河虾；8=其他（请注明）。

【代码8】1=生石灰粉；2=漂白粉；3=食盐；4=菜籽饼；5=三黄粉；6=二氧化氯；7=三氯异氰尿酸；8=三氯海因；9=氟苯尼考；10=硫酸铜；11=福尔马林；12=小苏打合剂；13=敌百虫；14=杀虫灵；15=其他（请注明）。

【代码9】1=复合维生素；2=维生素C；3=土霉素；4=鱼用PVP碘；5=磺胺嘧啶；6=大蒜素；=其他（请注明）。

说明：1.总收入应将生产性开支扣除，而消费性开支不扣；2.单位：元。

01	02	03	04	05	06	07	08
农业生产收入							
桑		蚕		鱼		其他	
总产值	销售收入	总产值	销售收入	总产值	销售收入	总产值	销售收入

09	10	11	12	13	14	15	16
受雇从事农业生产收入	非农收入			养老金及其他补助	其他收入	生产性开支	总收入
	农家乐及民宿收入	外出务工收入	工资收入				

3.能值分析相关指标及计算方法

附表3-1　可更新资源投入能流的计算方法及数据来源

项目	计算公式	相关指标	参考值	数据来源
太阳光能	系统土地面积×太阳光年平均辐射量×（1-反射率）	太阳光年平均辐射量 反射率	4.46×10^9焦耳/米^2 0.3	湖州市政府官网 Chen et al., 2017
风能	系统土地面积×空气密度×阻力系数×（年平均风速×0.6）^{3}×风速梯度	空气密度 阻力系数 年平均风速 风速梯度	1.29千克/米^3 1.00×10^{-3} 2.7米/秒 3.15×10^7秒	Odum, 1996 Lou and Ulgiati, 2013 湖州市政府官网 Odum, 1996
雨水化学能	系统土地面积×年平均降雨量×雨水密度×吉布斯自由能	年平均降雨量 雨水密度 吉布斯自由能	1550毫米 1.00×10^3千克/米^3 4.94×10^3焦耳/千克	《2017湖州统计年鉴》 Odum, 1996
雨水势能	系统土地面积×年平均降雨量×雨水密度×平均高度×重力加速度	平均高度 重力加速度	2000米 9.8米/秒^2	Chen et al., 2017
地球转动能	系统土地面积×热通量	热通量	1.45×10^6焦耳/米^2	朱玉林，2010

项目	计算公式	相关指标	参考值	数据来源
表土净损失能	系统耕地面积×侵蚀率×土壤有机质含量×有机质能量	侵蚀率 土壤有机质含量 有机质能量	3.95×10^2 克/米^2 3% 2.09×10^4 焦耳/克	陈思旭等，2014 Chen et al., 2017 Chen et al., 2017

附表3-2　湖州市生态经济系统能值分析相关数据

序号	项目	统计数值	单位	序号	项目	统计数值	单位
1	土地面积	5.82×10^9	米^2	20	水产品	3.83×10^5	吨
2	GDP	2.284×10^{11}	元	21	木材	3.18×10^4[①]	吨
3	稻谷	5.12×10^5	吨	22	原煤	8.25×10^6	吨
4	小麦	6.46×10^4	吨	23	焦炭	1.78×10^4	吨
5	大麦	1.48×10^3	吨	24	汽油	1.20×10^4	吨
6	玉米	1.26×10^4	吨	25	柴油	4.46×10^4	吨
7	豆类	1.74×10^4	吨	26	燃料油	1.05×10^4	吨
8	薯类	2.06×10^4	吨	27	电力	1.40×10^{10}	千瓦·时
9	油料	1.89×10^4	吨	28	钢材	3.04×10^6	吨
10	蔬菜	8.73×10^5	吨	29	水泥	1.28×10^7	吨
11	瓜类	1.07×10^5	吨	30	塑料	5.49×10^5	吨
12	水果	2.43×10^5	吨	31	氮肥	2.64×10^4	吨
13	茶叶	1.05×10^4	吨	32	磷肥	4.10×10^3	吨
14	猪肉	6.94×10^4	吨	33	钾肥	2.30×10^3	吨
15	牛肉	2.51×10^2	吨	34	复合肥	1.01×10^4	吨
16	羊肉	8.36×10^3	吨	35	农药	4.23×10^3	吨
17	禽肉	5.59×10^4	吨	36	进口商品	1.21×10^9	美元
18	兔肉	4.08×10^2	吨	37	外商投资	1.00×10^9	美元
19	禽蛋	4.21×10^4	吨				

注：根据木材采伐量和竹材采伐量推算。

附表3-3　能量折算系数参考值及数据来源

序号	项目	能量折算系数	单位	数据来源	序号	项目	能量折算系数	单位	数据来源
1	稻谷	1.55×10^7	焦耳/千克	骆世明，2001	21	汽油	4.60×10^7	焦耳/千克	骆世明，2001
2	小麦	1.57×10^7	焦耳/千克	骆世明，2001	22	柴油	4.35×10^7	焦耳/千克	骆世明，2001
3	大麦	1.61×10^7	焦耳/千克	骆世明，2001	23	燃料油	4.47×10^7	焦耳/千克	据汽油、柴油推算
4	玉米	1.65×10^7	焦耳/千克	骆世明，2001	24	鱼/鱼苗	6.29×10^6	焦耳/千克	骆世明，2001
5	豆类	1.84×10^7	焦耳/千克	骆世明，1987	25	青虾苗/青虾	5.18×10^6	焦耳/千克	骆世明，2001
6	薯类	5.71×10^6	焦耳/千克	骆世明，2001	26	干桑叶/桑叶茶	1.59×10^7	焦耳/千克	骆世明，2001
7	油料	2.55×10^7	焦耳/千克	骆世明，2001	27	鲜桑叶	3.18×10^6	焦耳/千克	据干桑叶推算
8	蔬菜	2.40×10^6	焦耳/千克	骆世明，1987	28	草类	3.00×10^6	焦耳/千克	骆世明，2001
9	水果/瓜类	3.55×10^6	焦耳/千克	骆世明，1987	29	羊草	1.80×10^7	焦耳/千克	骆世明，2001
10	茶叶	1.74×10^7	焦耳/千克	骆世明，2001	30	垫柴	1.42×10^7	焦耳/千克	骆世明，2001
11	猪肉	2.59×10^7	焦耳/千克	骆世明，2001	31	螺蛳	4.45×10^6	焦耳/千克	骆世明，2001
12	牛肉	8.76×10^6	焦耳/千克	骆世明，2001	32	蚕炭	2.09×10^7	焦耳/千克	骆世明，2001
13	羊肉	1.41×10^7	焦耳/千克	骆世明，2001	33	塘泥	3.24×10^6	焦耳/千克	骆世明，2001
14	禽肉	4.96×10^6	焦耳/千克	朱玉林，2010	34	鱼粪	3.66×10^6	焦耳/千克	骆世明，2001
15	兔肉	5.20×10^6	焦耳/千克	骆世明，2001	35	蚕蛹	1.47×10^6	焦耳/千克	Mitchell，1979
16	禽蛋	4.96×10^6	焦耳/千克	朱玉林，2010	36	蚕沙	3.66×10^6	焦耳/千克	骆世明，2001

（续）

序号	项目	能量折算系数	单位	数据来源	序号	项目	能量折算系数	单位	数据来源
17	水产品	5.50×10^6	焦耳/千克	朱玉林，2010	37	蚕茧	7.64×10^6	焦耳/千克	闻大中，1989
18	木材	1.57×10^7	焦耳/千克	骆世明，1987	38	蚕丝	6.02×10^6	焦耳/千克	Mitchell，1979
19	原煤	2.09×10^7	焦耳/千克	骆世明，2001	39	羊毛	2.00×10^7	焦耳/千克	闻大中，1989
20	焦炭	3.52×10^7	焦耳/千克	骆世明，2001	40	人工	2.12×10^6	焦耳/工	《农业技术经济手册》（修订本），1984

附表3-4　湖州市生态经济系统能值分析表

序号	项目	基础数据	单位	能值转换率	单位	数据来源	调整系数	太阳能值
1	太阳光能	1.82×10^{19}	焦耳	1.00	sej/焦耳	定义	1.00	1.82×10^{19}
2	风能	2.20×10^{16}	焦耳	1.50×10^3	sej/焦耳	Odum，1996	1.27	4.19×10^{19}
3	雨水化学能	4.45×10^{16}	焦耳	1.80×10^4	sej/焦耳	Odum，1996	1.27	1.02×10^{21}
4	雨水势能	1.77×10^{17}	焦耳	1.00×10^4	sej/焦耳	Odum，1996	1.27	2.25×10^{21}
5	地球转动能	8.44×10^{15}	焦耳	3.40×10^4	sej/焦耳	Odum，1996	1.27	3.65×10^{20}
6	稻谷	7.92×10^{15}	焦耳	3.59×10^4	sej/焦耳	严茂超，2001	1.27	3.61×10^{20}
7	小麦	1.02×10^{15}	焦耳	6.80×10^4	sej/焦耳	蓝盛芳等，2002	1.27	8.78×10^{19}
8	大麦	2.38×10^{13}	焦耳	1.34×10^5	sej/焦耳	金丹等，2013	0.76	2.43×10^{18}
9	玉米	2.08×10^{14}	焦耳	8.30×10^4	sej/焦耳	Tennebaum，1988	1.27	2.19×10^{19}

序号	项目	基础数据	单位	能值转换率	单位	数据来源	调整系数	太阳能值
10	豆类	3.21×10^{14}	焦耳	6.90×10^{5}	sej/焦耳	朱玉林，2010	1.27	2.81×10^{20}
11	薯类	1.18×10^{14}	焦耳	2.70×10^{4}	sej/焦耳	严茂超，2001	1.27	4.04×10^{18}
12	油料	4.82×10^{14}	焦耳	6.90×10^{5}	sej/焦耳	朱玉林，2010	1.27	4.23×10^{20}
13	蔬菜	2.10×10^{15}	焦耳	2.70×10^{4}	sej/焦耳	蓝盛芳等，2002	1.27	7.20×10^{19}
14	瓜类	3.79×10^{14}	焦耳	6.71×10^{4}	sej/焦耳	金丹等，2013	0.76	1.93×10^{19}
15	水果	8.62×10^{14}	焦耳	5.30×10^{4}	sej/焦耳	蓝盛芳等，2002	1.27	5.81×10^{19}
16	茶叶	1.83×10^{14}	焦耳	2.00×10^{5}	sej/焦耳	蓝盛芳等，2002	1.27	4.65×10^{19}
17	猪肉	1.80×10^{15}	焦耳	2.85×10^{6}	sej/焦耳	金丹等，2013	0.76	3.90×10^{21}
18	牛肉	2.20×10^{12}	焦耳	4.00×10^{6}	sej/焦耳	蓝盛芳等，2002	1.27	1.12×10^{19}
19	羊肉	1.18×10^{14}	焦耳	2.00×10^{6}	sej/焦耳	蓝盛芳等，2002	1.27	2.99×10^{20}
20	禽肉	2.57×10^{14}	焦耳	2.85×10^{6}	sej/焦耳	金丹等，2013	0.76	5.57×10^{20}
21	兔肉	2.12×10^{12}	焦耳	2.85×10^{6}	sej/焦耳	金丹等，2013	0.76	4.60×10^{18}
22	禽蛋	1.93×10^{14}	焦耳	2.00×10^{6}	sej/焦耳	严茂超，2001	1.27	4.92×10^{20}
24	水产品	2.11×10^{15}	焦耳	2.00×10^{6}	sej/焦耳	蓝盛芳等，2002	1.27	5.36×10^{21}
25	木材	4.99×10^{14}	焦耳	3.49×10^{4}	sej/焦耳	严茂超，2001	1.27	2.21×10^{19}
26	原煤	1.73×10^{17}	焦耳	4.00×10^{4}	sej/焦耳	蓝盛芳等，2002	1.27	8.78×10^{21}

（续）

序号	项目	基础数据	单位	能值转换率	单位	数据来源	调整系数	太阳能值
27	焦炭	6.26×10^{14}	焦耳	5.00×10^4	sej/焦耳	据煤炭等估算	1.27	3.98×10^{19}
28	汽油	5.51×10^{14}	焦耳	6.60×10^4	sej/焦耳	蓝盛芳等，2002	1.27	4.62×10^{19}
29	柴油	1.94×10^{15}	焦耳	6.60×10^4	sej/焦耳	蓝盛芳等，2002	1.27	1.63×10^{20}
30	燃料油	4.69×10^{14}	焦耳	6.60×10^4	sej/焦耳	据汽、柴油估算	1.27	3.94×10^{19}
31	电力	5.05×10^{16}	焦耳	1.60×10^5	sej/焦耳	蓝盛芳等，2002	1.27	1.03×10^{22}
32	钢材	3.04×10^{12}	克	1.40×10^9	sej/克	蓝盛芳等，2002	1.27	5.42×10^{21}
33	水泥	1.28×10^{13}	克	1.97×10^9	sej/克	金丹等，2013	1.27	3.21×10^{22}
34	塑料	5.49×10^{11}	克	3.80×10^8	sej/克	蓝盛芳等，2002	1.27	2.65×10^{20}
35	氮肥	2.64×10^{10}	克	3.80×10^9	sej/克	蓝盛芳等，2002	1.27	1.28×10^{20}
36	磷肥	4.10×10^9	克	3.90×10^9	sej/克	蓝盛芳等，2002	1.27	2.03×10^{19}
37	钾肥	2.30×10^9	克	1.10×10^9	sej/克	蓝盛芳等，2002	1.27	3.22×10^{18}
38	复合肥	1.01×10^{10}	克	2.80×10^9	sej/克	蓝盛芳等，2002	1.27	3.59×10^{19}
39	表土净损失能	3.68×10^{14}	焦耳	7.40×10^4	sej/焦耳	Odum，1996	1.27	3.46×10^{19}
40	农药	4.23×10^9	克	1.60×10^{10}	sej/克	蓝盛芳等，2002	1.27	8.59×10^{19}
41	商品	1.21×10^9	美元	2.00×10^{10}	sej/美元	Chen et al.，2017	0.79	1.91×10^{19}
42	外商投资	1.00×10^9	美元	2.00×10^{10}	sej/美元	Chen et al.，2017	0.79	1.58×10^{19}
	总能值							7.32×10^{22}

序号	项目	能量折算系数	单位	数据来源
1	鱼苗/鱼	2.00×10^6	sej/焦耳	Odum，1996
2	青虾苗/青虾	1.30×10^7	sej/焦耳	H.T.Odum，Arding，1996
3	草类	6.83×10^3	sej/焦耳	Dong et al.，2012
4	螺蛳	2.00×10^6	sej/焦耳	Odum，1996
5	饲料	2.64×10^9	sej/克	杨海龙等，2009
6	桑叶	2.40×10^4	sej/焦耳	Mitchell，1979
7	羊粪	2.70×10^6	sej/克	Odum，1996
8	塘泥	3.51×10^3	sej/焦耳	Odum，1996
9	鱼粪	1.80×10^6	sej/焦耳	Odum，1996
10	蚕蛹	2.00×10^6	sej/焦耳	Mitchell，1979
11	蚕沙	2.00×10^4	sej/焦耳	据蚕茧推算
12	蚕茧	2.70×10^4	sej/焦耳	Mitchell，1979
13	蚕丝	3.40×10^6	sej/焦耳	Odum，1996
14	羊毛	4.40×10^6	sej/焦耳	蓝盛芳等，2002
15	人工	7.38×10^6	sej/焦耳	Rosa et al.，2008

附表3-6　湖州规模养殖鲈鱼的能值分析表

序号	项目	基础数据	单位	能值转换率（sej/单位）	调整系数	太阳能值（sej）	市场价格（元）	类别代码
投入								
1	太阳光能	2.08×10^{13}	焦耳	1.00	1.00	2.08×10^{13}		IR_1
2	风能	2.52×10^{10}	焦耳	1.50×10^3	1.27	4.81×10^{13}		IR_2
3	雨水化学能	5.10×10^{10}	焦耳	1.80×10^4	1.27	1.17×10^{15}		IR_3
4	雨水势能	2.03×10^{11}	焦耳	1.00×10^4	1.27	2.58×10^{15}		IR_4
5	鲈鱼苗	3.77×10^9	焦耳	2.00×10^6	1.27	9.59×10^{15}	36000	FR_1

序号	项目	基础数据	单位	能值转换率（sej／单位）	调整系数	太阳能值（sej）	市场价格（元）	类别代码
6	鲈鱼饲料	2.00×10^7	克	2.64×10^9	0.76	4.01×10^{16}	240000	FN_1
7	药品	1.50×10^3	元	3.21×10^{11}	1.00	4.81×10^{14}	1500	FN_2
8	设备	4.20×10^2	元	3.21×10^{11}	1.00	1.35×10^{14}	420	FN_3
9	人工	8.46×10^3	元	3.21×10^{11}	1.00	2.71×10^{15}	8460	FR_1
10	电能	1.20×10^{10}	焦耳	1.60×10^5	1.27	2.45×10^{15}	1800	FN_2
总量						5.93×10^{16}		I
产出								
11	鲈鱼	9.44×10^{10}	焦耳	2.00×10^6	1.27	2.40×10^{17}	450000	Y_1
12	塘泥	4.86×10^{11}	焦耳	3.51×10^3	1.27	2.17×10^{15}		Y_2
总量						2.42×10^{17}		Y

4.桑基鱼塘生态经济评价计算方法

熵权法：1948年，Shannon C.E.首次将熵的思想引入信息论中，并提出了信息熵的概念，用来作为信息的量化工具。根据Shannon信息熵定义，假设有一个不确定性系统具有n种可能状态（$n \geqslant 2$），可以用离散型随机变量X（$X = X_1$，X_2，$\cdots$，Xn）来描述，它的每一取值对应的概率分别为P_i（$P_i \geqslant 0$，$\sum P_i=1$），则该系统的信息熵为：

$$S = -\sum P_i \ln (P_i)$$

信息是用来消除随机不确定性的东西，而信息熵可以度量这种不确定性。信息量越大，不确定性越小，信息熵也越小；反之，根据这种关系，可以依据信息熵来推断多指标评价体系某个指标的权重。一般而言，指标值的离散程度越强，信息熵值越小，该指标包含的信息量越大，在评价体系中的作用越大，其权重也应该越大，此即为熵值法的基本原理。

当前，熵值法已经形成了较为完备的计算方法和步骤，结合构建的基于能值的桑基鱼塘可持续发展评价指标体系，各指标权重计算过程如下：

（1）建立评价指标的原始数据矩阵 E。

设有 m 个评价指标，n 个评价对象。第 i 项指标下，第 j 个评价对象的指标值为 E_{ij}，其中 $i=1$，2，$\cdots$，m；$j=1$，2，$\cdots$，n。原始数据矩阵可以表示为：

$$E=\begin{bmatrix} E_{11} & \cdots & E_{1n} \\ \vdots & \ddots & \vdots \\ E_{m1} & \cdots & E_{mn} \end{bmatrix}$$

在湖州桑基鱼塘可持续评价指标体系中，各指标均为能值，单位统一，不需要进行去量纲化处理。

（2）计算第 i 项指标下，第 j 个评价对象的特征比重 P_{ij}。

$$P_{ij}=E_{ij} \Big/ \sum_{j=1}^{n} E_{ij}$$

其中，$0 \leqslant P_{ij} \leqslant 1$。

（3）计算各项指标的熵值 e_i。

$$e_i = \frac{1}{\ln(n)} \sum_{j=1}^{n} p_{ij} \cdot lnp_{ij}$$

其中，当 $p_{ij}=0$ 时，$p_{ij} \cdot lnp_{ij}=0$。

（4）计算各项指标的差异系数 d_i。

$$d_i = 1-e_i$$

差异系数 d_i 与指标的权重成正比，即 d_i 越大，该指标提供的信息量越大，越应该给予较大的指标权重。

（5）确定各项指标的权重 W_i。

$$W_i = d_i \Big/ \sum_{i=1}^{m} d_i$$

显然，$0 \leqslant W_i \leqslant 1$，$\Sigma W_i=1$。

（6）计算综合评价值。

根据熵值法计算出各个指标的权重以后，对3个评价对象的指标原始数据进行加权求和，得出湖州桑基鱼塘生态经济的综合评价值，计算公式如下：

$$G_j = \sum_{i=1}^{n} E_{ij} \cdot W_i$$

此式中，E_{ij} 应包含对应指标的作用方向，正向为正号，逆向为负号；G_j 为第 j 个评价对象的可持续发展综合评价值，其数值越大，表明该系统的可持续发展状况越好。

5.能值流动图的图形符号说明

系统边框（system frame）：用于确定系统的三维空间边界的矩形框。

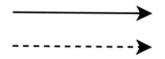

流动路线（pathway line）：实线表示物质流、能量流、信息流等的路线和方向，虚线表示货币流的路线和方向。

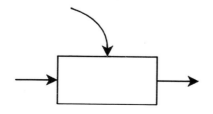

亚系统框（subsystem frame）：表示系统中某一亚系统的矩形框，常用于表示经济领域的亚系统。

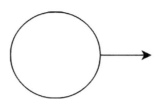

能源（source）：在系统外部输入或汇集的各种形式的能值来源。

热耗失（heat sink）：表示能量的消耗和散失，成为不能再做功或再被利用的热能。根据热力学第二定律，任何能量转化过程都有能量耗失，因此系统内部各个流动环节都与它相连接。

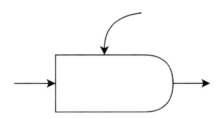

生产者（producer）：包括植物、动物等生物生产者和工业企业等人工生产者。

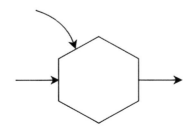

消费者（consumer）：包括动物种群、人类社会群体等消费者。

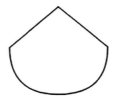

贮存库（storage tank）：用于表示系统中贮存物质、能量、信息、货币等的场所。

交流键（exchange transaction）：表示两种或多种流的相互交换，多用于商品、服务与货币的交换。

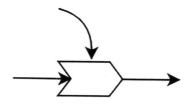

相互作用（interaction）：表示不同类型的流汇合或分离。

REFERENCES 参考文献

《农业技术经济手册》编委会, 1984. 农业技术经济手册(修订本)[M]. 北京: 农业出版
社: 819-824.

《中国国家人文地理 湖州》编委会, 2017. 中国国家人文地理 湖州 [M]. 北京: 中国地
图出版社: 56.

陈彩霞, 黄光庆, 叶玉瑶, 等, 2021. 珠江三角洲基塘系统演化及生态修复策略: 以佛
山4村为例[J]. 资源科学, 43(2): 328-340.

陈彩霞, 叶玉瑶, 黄光庆, 等, 2021. 粤港澳大湾区基塘多功能性的尺度效应及生态修
复策略[J]. 生态学报(9): 1-12.

陈少华, 1998. 太湖地区的农书传承与农业发展[J]. 中国农史(4): 97-100.

邓芬, 2003. 桑基鱼塘: 珠江三角洲的主要农业特色[J]. 农业考古(3): 193-196.

丁农, 金瑞丰, 张金卫, 等, 2015. 菱湖"桑基鱼塘"系统及其农业文化遗产的保护与
利用[J]. 蚕桑通报, 46(1): 5-8.

傅衣凌, 1964. 明清时代江南市镇经济的分析[J]. 历史教学(5): 11-15.

高梁, 1989. 太湖地区养殖渔业源流初考[J]. 古今农业(2): 109-118.

高珊, 2013. 农产品市场化对农户土地利用行为的影响研究[M]. 南京: 东南大学出版
社: 20-32.

顾春梅, 孙伟杰, 徐曜杰, 等, 2023. 桐乡蚕桑文化系统遗产价值与保护策略探讨[J].
浙江农业科学, 64(9): 2132-2135.

顾兴国, 吴怀民, 沈晓龙, 等, 2020. 太湖南岸桑基鱼塘投入产出效率的跨时期分析[J].
蚕业科学, 46(2): 221-232.

顾兴国, 刘某承, 闵庆文, 2018. 太湖南岸桑基鱼塘的起源与演变[J]. 丝绸, 55(7): 97-
104.

顾兴国，楼黎静，刘某承，等，2018. 基塘系统：研究回顾与展望 [J]. 自然资源学报，33(4): 709-720.

郭郛，李约瑟，成庆泰，1999. 中国古代动物学史 [M]. 北京：科学出版社：501-502.

何荣花，1995. 双林绫机和双林绫绢 [J]. 丝绸 (12): 51-53, 5.

黄世瑞，1990.《粤中蚕桑刍言》与珠江三角洲"桑基鱼塘"[J]. 中国科技史料，11(2): 83-87.

嘉兴市文化广电新闻出版局，2010. 嘉兴市非物质文化遗产名录集成 [M]. 杭州：浙江摄影出版社：104.

蒋猷龙，2007. 浙江认知的中国蚕丝业文化 [M]. 杭州：西泠印社出版社：2.

金兴盛，2014. 含山轧蚕花 [M]. 杭州：浙江摄影出版社：2-3, 33.

蓝盛芳，钦佩，蓝盛芳，2002. 生态经济系统能值分析 [M]. 北京：化学工业出版社：43-150.

乐锐锋，2015. 桑史：经济、生态与文化 (1368-1911)[D]. 武汉：华中师范大学：65-80.

黎华寿，骆世明，聂呈荣，2005. 广东顺德现代集约型基塘系统的构建与调控 [J]. 生态学杂志，24(1): 108-112.

李伯重，1985."桑争稻田"与明清江南农业生产集约程度的提高：明清江南农业经济发展特点探讨之二 [J]. 中国农史 (1): 1-11.

李伯重，1985. 明清江南农业资源的合理利用：明清江南农业经济发展特点探讨之三 [J]. 农业考古 (2): 150-163.

李伯重，1996."人耕十亩"与明清江南农民的经营规模：明清江南农业经济发展特点探讨之五 [J]. 中国农史 (1): 1-14.

李伯重，1996. 明清江南蚕桑亩产考 (续)[J]. 农业考古 (3): 239-249.

李伯重，1996. 明清江南蚕桑亩产考 [J]. 农业考古 (1): 196-212.

李伯重，1996. 清代前中期江南人口的低速增长及其原因 [J]. 清史研究 (2): 10-19.

李伯重，1999. 明清江南肥料需求的数量分析：明清江南肥料问题探讨之一 [J]. 清史研究 (1): 30-38.

李伯重，2003. 十六、十七世纪江南的生态农业 (上)[J]. 中国经济史研究 (4): 54-63.

李梅，聂呈荣，龙兴，2007. 基塘系统生态环境质量评价指标体系的构建 [J]. 农业环境科学学报, 26(1): 386-390.

李文华, 刘某承, 闵庆文, 2012. 农业文化遗产保护: 生态农业发展的新契机[J]. 中国生态农业学报, 20(6): 663-667.

刘兰芳, 钟顺清, 唐云松, 2003. 农业洪涝灾害风险分析与评估: 以湘南农业洪涝易损性为例[J]. 农业现代化研究(5): 380-383.

卢嘉锡, 艾素珍, 宋正海, 2006. 中国科学技术史(年表卷)[M]. 北京: 科学出版社: 287.

陆鼎言, 王旭强, 2005. 湖州入湖溇港和塘浦(溇港)圩田系统的研究[C]. 湖州入湖溇港和塘浦(溇港)圩田系统的研究成果资料汇编: 40.

罗文兵, 2014. 下垫面变化对农田排涝流量的影响研究[D]. 武汉: 武汉大学: 34-76.

骆世明, 2001. 农业生态学[M]. 北京: 中国农业出版社: 447-453.

骆世明, 陈聿华, 严斧, 1987. 农业生态学[M]. 长沙: 湖南科学技术出版社: 450-455.

闵庆文, 2006. 全球重要农业文化遗产: 一种新的世界遗产类型[J]. 资源科学, 28(4): 206-208.

南京农业大学中国农业遗产研究室太湖地区农业史研究课题组, 1990. 太湖地区农业史稿[M]. 北京: 农业出版社: 421-423.

聂呈荣, 骆世明, 章家恩, 等, 2003. 现代集约农业下基塘系统的退化与生态恢复[J]. 生态学报, 23(9): 1851-1860.

邱鸿炘, 2001. 湖州钱山漾遗址出土古渔具考[J]. 农业考古(1): 260-261.

孙顺才, 伍贻范, 1987. 太湖形成演变与现代沉积作用[J]. 中国科学(B辑)(12): 1329-1339.

唐乃强, 2013. 丝织工艺之花: 双林绫绢[J]. 浙江档案(4): 44-45.

陶石磊, 郑根生, 姚剑锋, 等, 2023. 数字化背景下太湖溇港灌溉工程遗产保护研究[J]. 浙江水利水电学院学报35(2): 7-10.

王静禹, 周逸斌, 孟留伟, 等, 2018. 湖州桑基鱼塘生态系统的服务价值评估[J]. 蚕业科学, 44(4): 615-623.

闻大中, 1989. 三百年前杭嘉湖地区农业生态系统的研究[J]. 生态学杂志(3): 18-23.

乌丙安, 孙庆忠, 2012. 农业文化研究与农业文化遗产保护: 乌丙安教授访谈录[J]. 中国农业大学学报(社会科学版),29(1): 28-44.

吴怀民,金勤生,殷益明,等,2018.浙江湖州桑基鱼塘系统的成因与特征[J].蚕业科
学,44(6): 947-951.

徐八达,王嗣均,2007.浙江省人口志[M].北京:中华书局: 278.

徐春雷,2009.桐乡蚕歌[M].北京:中国文联出版社: 99.

严茂超,李海涛,程鸿,等,2001.中国农林牧渔业主要产品的能值分析与评估[J].北
京林业大学学报,23(6): 66-69.

杨海龙,吕耀,闵庆文,等,2009.稻鱼共生系统与水稻单作系统的能值对比:以贵州
省从江县小黄村为例[J].资源科学,31(1): 48-55.

杨晶,1991.论良渚文化分期[J].东南文化(6): 121-129.

叶明儿,楼黎静,钱文春,等,2014.湖州桑基鱼塘系统形成及其保护与发展现实意义
[C]//.中国农学会,中国农业生态环境保护协会.中国现代农业发展论坛论文集: 7.

殷志华,2012.明清时期太湖地区稻作史研究[D].南京:南京农业大学: 15-20.

尹玲玲.2002.明清时期长江中下游地区的鱼苗生产与贩运[J].史学月刊(10): 102-
105.

游修龄,2003.关于池塘养鱼的最早记载和范蠡《养鱼经》的问题[J].浙江大学学报
(人文社会科学版),33(3): 50-55.

袁祖亮,1994.中国古代人口史专题研究[M].郑州:中州古籍出版社: 387-388.

张履祥,陈恒力,王达,1983.补农书校释[M].北京:农业出版社: 79-178.

赵东升,2016.环太湖古文化演进与水域变迁关系初论[J].南方文物(3): 201-207.

浙江大学,2010.中国蚕业史[M].上海:上海人民出版社: 31-32.

《浙江省蚕桑志》编纂委员会,2004.浙江省蚕桑志[M].杭州:浙江大学出版社: 11.

《浙江省农业志》编纂委员会,2004.浙江省农业志[M].北京:中华书局: 1247.

浙江省文物考古研究所,湖州市博物馆,2014.钱山漾:第三、四次发掘报告(套装上
下册)[M].北京:文物出版社.

浙江大学,2010.中国蚕业史[M].上海:上海人民出版社: 111-112.

郑建明,陈淳,2005.马家浜文化研究的回顾与展望:纪念马家浜遗址发现45周年[J].
东南文化(4): 16-25.

郑肇经, 1987. 太湖水利技术史 [M]. 北京: 农业出版社: 17.

钟功甫, 1980. 珠江三角洲的"桑基鱼塘": 一个水陆相互作用的人工生态系统 [J]. 地理学报, 35(3): 200-209.

钟功甫, 1984. 对珠江三角洲桑基鱼塘系统的再认识 [J]. 热带地理, 4(3): 129-135.

钟功甫, 王增骐, 吴厚水, 等, 1993. 基塘系统的水陆相互作用 [M]. 北京: 科学出版社: 80-83.

钟功甫, 1958. 珠江三角洲的"桑基鱼塘"与"蔗基鱼塘" [J]. 地理学报, 24(3): 257-274.

周晴, 2011. 河网、湿地与蚕桑: 嘉湖平原生态史研究(9-17世纪)[D]. 上海: 复旦大学: 48-65.

周玉兵, 2007. 明清江南小农的家庭生产与经济生活研究 [D]. 南京: 南京师范大学: 25-48.

周月红. 传统产业变迁与村落认同 [D]. 金华: 浙江师范大学, 2020.

朱珏, 2008. 试论近代"辑里湖丝"之兴衰 [J]. 丝绸(3): 47-49.

朱玉林, 2010. 基于能值的湖南农业生态系统可持续发展研究 [D]. 长沙: 中南林业科技大学: 34-76.

Brandt-Williams S L, 2002. Emergy of Florida Agriculture: Handbook of Emergy Evaluation. A compendium of data for emergy computation [Z]. Gainseville. FL. USA: Center for Environmental Policy. University of Florida: 4.

Brown M T, Bardi E, 2001. Emergy of Ecosystems: Handbook of Emergy Evaluation [Z]. Gainsville. FL. USA: Center for Environmental Policy. University of Florida.

Brown M T, Campbell D E, Vilbiss C D, et al, 2016. The geobiosphere emergy baseline: A synthesis [J]. Ecological Modelling, 339: 92-95.

Brown M T, Protano G, Ulgiati S, 2011. Assessing geobiosphere work of generating global reserves of coal, crude oil, and natural gas [J]. Ecological Modelling, 222(3): 879-887.

Brown M T, Ulgiati S, 2004. Energy quality, emergy, and transformity: H. T. Odum's contributions to quantifying and understanding systems [J]. Ecological Modelling, 178(1-2): 201-213.

Chan G L, 1985. Integrated farming system [J]. Landscape Planning, 12(3):257-266.

Chen W, Zhong S, Geng Y, et al, 2017. Emergy based sustainability evaluation for Yunnan Province, China[J]. Journal of Cleaner Production, 162.

Dong X, Brown M T, Kang M, et al, 2012. Carbon modeling and emergy evaluation of grassland management schemes in Inner Mongolia [J]. Agriculture Ecosystems & Environment, 158(1): 49-57.

Kangas P C, 2002. Emergy of Landforms: Handbook of Emergy Evaluation [Z]. Gainsville. FL. USA: Center for Environmental Policy. University of Florida.

Korn M, 1996. The dike-pond concept: sustainable agriculture and nutrient recycling in China [J]. AMBIO: A Journal of the Human Environment, 25(1):6-13.

Li W H, 2001. Concepts and principles of integrated farming systems [M]//LI W H. Agro-ecological farming systems in China. UNESCO; New York: Parthenon Pub. Group:13-22.

Lian L, Chen J F, 2011. Spatial-temporal change analysis of water area in Pearl River Delta based on remote sensing technology[J]. Procedia Environmental Sciences, 10(1): 2170-2175.

Liu J X, Chen J F, Wang X X, 2012. Spatial- temporal change of Sanshui District's Dike-pond from 1979-2009 [J]. Physics Procedia, 25: 452-458.

Liu S H, Min Q W, Jiao W J, et al, 2018. Integrated Emergy and Economic Evaluation of Huzhou Mulberry-Dyke and Fish-Pond Systems [J]. Sustainability, 10:3860.

Lou B, Ulgiati S, 2013. Identifying the environmental support and constraints to the Chinese economic growth— an application of the Emergy Accounting method [J]. Energy Policy, 55(249): 217-233.

MaryJane D C, Parviz K, 2009. Globally Important Agricultural Heritage Systems: A shared vision of agricultural, ecological and traditional societal sustainability [J]. Resources Science, 31(6):905-913.

Mitchell R, 1979. The analysis of Indian agro-ecological engineering: an introduction to ecotechnology [M]. New York: John Wiley: 45-78.

Odum H T, 1996. Environmental accounting: EMERGY and environmental decision making [M]. New York: John Wiley: 27-30.

Odum H T, 2000. Emergy of Global Process: Handbook of Emergy Evaluation [Z]. Gainsville. FL. USA: Center for Environmental Policy. University of Florida.

Odum H T, Brown M T, Brandt-Williams S, 2000. Introduction and Global Budget: Handbook of Emergy Evaluation [Z]. Gainsville. FL. USA: Center for Environmental Policy. University of Florida.

Rosa A D L, Siracusa G, Cavallaro R, 2008. Emergy evaluation of Sicilian red orange production. A comparison between organic and conventional farming [J]. Journal of Cleaner Production, 16(17): 1907-1914.

YEE AW. C, 1999. New developments in integrated dike-pond agriculture-aquaculture in the Zhujiang Delta, China: Ecological implications [J]. AMBIO: A Journal of the Human Environment, 28(6): 529-533.

图书在版编目（CIP）数据

太湖南岸桑基鱼塘 / 顾兴国等著. -- 北京 ：中国农业出版社，2024.12. -- （全球重要农业文化遗产浙江湖州桑基鱼塘系统研究丛书）. -- ISBN 978-7-109-32667-5

Ⅰ.S888.4

中国国家版本馆CIP数据核字第2024JM8160号

太湖南岸桑基鱼塘

TAIHU NAN'AN SANGJI YUTANG

中国农业出版社出版

地址：北京市朝阳区麦子店街18号楼

邮编：100125

责任编辑：张丽四

版式设计：王　晨　　责任校对：吴丽婷　　责任印制：王　宏

印刷：中农印务有限公司

版次：2024年12月第1版

印次：2024年12月北京第 1 次印刷

发行：新华书店北京发行所

开本：700mm×1000mm　1/16

印张：12.25

字数：165千字

定价：90.00元